U0281803

纯框架及支撑钢框架整体结构临界力的解析算法研究

Research on Analytical Methods for Critical Forces of Overall Structure of Pure Frame and Braced Steel Frame

兰树伟　周东华　谈　燕　著

重庆大学出版社

内容提要

本书主要针对规范计算长度系数法确定钢结构临界力(或计算长度系数)的不足,研究纯框架结构及支撑钢框架结构的整体稳定承载力的解析计算方法。全书共8章,主要包括绪论,弱支撑框架柱计算长度系数的图算法,基于轴力权重的有侧移钢框架整体稳定解析算法,基于轴力面积比法计算有侧移钢框架整体稳定,强支撑无侧移钢框架整体稳定承载力的解析算法,支撑钢框架、斜腿钢框架及带伸臂斜腿钢框架整体稳定承载力的解析算法等内容。本书利用临界刚度比系数推导了纯框架及支撑钢框架的整体临界力计算公式,给出了不同类型框架柱计算长度系数诺模图。书中内容是在钢结构整体稳定设计理论的解析计算方面做出的一些努力和尝试,可为其今后的发展提供一些参考和借鉴。

本书可供从事结构设计、施工等工作的工程技术人员参考,也可作为研究人员及高等院校相关专业师生的学习资料。

图书在版编目(CIP)数据

纯框架及支撑钢框架整体结构临界力的解析算法研究 / 兰树伟,周东华,谈燕著. -- 重庆 : 重庆大学出版社, 2024.4

ISBN 978-7-5689-4444-1

Ⅰ. ①纯… Ⅱ. ①兰… ②周… ③谈… Ⅲ. ①框架结构—研究 Ⅳ. ①TU323.5

中国国家版本馆 CIP 数据核字(2024)第 077502 号

纯框架及支撑钢框架整体结构临界力的解析算法研究

CHUNKUANGJIA JI ZHICHENG GANGKUANGJIA ZHENGTI JIEGOU LINJIELI DE JIEXI SUANFA YANJIU

兰树伟 周东华 谈 燕 著

责任编辑:夏 雪 版式设计:夏 雪

责任校对:王 倩 责任印制:赵 晟

*

重庆大学出版社出版发行

出版人:陈晓阳

社址:重庆市沙坪坝区大学城西路 21 号

邮编:401331

电话:(023)88617190 88617185(中小学)

传真:(023)88617186 88617166

网址:http://www.cqup.com.cn

邮箱:fxk@cqup.com.cn(营销中心)

全国新华书店经销

重庆升光电力印务有限公司印刷

*

开本:720mm×1020mm 1/16 印张:12.5 字数:179 千

2024 年 4 月第 1 版 2024 年 4 月第 1 次印刷

ISBN 978-7-5689-4444-1 定价:78.00 元

前　言

由于钢材具有较高的强度,较小的截面即可承受较大的荷载,这大大增加了结构失稳的风险。要解决钢结构的稳定问题,最有效的方法是求出结构的临界力,使结构实际能够承受的荷载低于临界荷载,以保证结构不发生失稳。临界力(或计算长度系数)是工程设计计算中的重要参数,临界力是构件或结构承载力的上限,可用于评估承载力的大小;临界力还可用于近似计算二阶效应弯矩。目前,《钢结构设计标准》中的计算方法还是以一阶弹性分析为主,二阶效应是通过二阶效应系数对一阶弯矩进行放大求得的,二阶效应系数的求解需用到整体结构的临界力,因此规范也提供了一些确定计算长度系数的相应图表和公式。采用规范法求解整体结构临界力简单实用,但也存在以下一些不足:

①无法定量分析有侧移钢框架同层柱之间、层与层之间的相互支援程度;

②没有考虑强支撑无侧移钢框架层与层之间的支援作用;

③对于弱支撑钢框架结构,没有考虑支撑体系提供的侧向支撑作用;

④无法计算斜腿钢框架结构临界力和计算长度系数。

上面这些不足可导致计算得到的临界力在一些情况下过大(偏于不安全)或过小(偏于保守)。工程设计中确定整体结构临界力多为有限元软件计算,如何对有限元计算结果进行检验和判断是一个不可回避的问题。为此,本书尝试用解析的手段寻求解决结构整体稳定临界力问题的方法,并与现行规范方法和有限元软件 ANSYS 进行对比分析研究。

本书针对规范计算长度系数法确定钢结构临界力(或计算长度系数)的不足,以理论推导的方式,通过简单易行的方法和手段解决了计算纯框架及支撑钢框架整体结构临界力的问题。全书共 8 个章节。第 1 章为绪论;第 2 章介绍了“弹簧-摇摆柱模型”,推导了弱支撑框架柱临界刚度比系数的计算公式,通过该系数可获得确定弱支撑框架柱临界力的计算公式,并据此给出了便于工程应用的不同侧移类型框架计算长度系数的诺模图；第 3 章分析了轴向荷载与框架抗侧刚度之间的关系，利用“弹簧摇摆柱模型”基于轴力权重加权平均的方法考虑楼层刚度激活程度推导获得有侧移钢框架临界力的近似计算公式；第 4 章从受压柱刚度激活程度出发，找到了轴力面积大小与非规则钢框架结构临界力的规律关系，据此给出了有侧移钢框架临界承载力的简便实用计算方法；第 5 章利用结构转换的办法建立了轴向载荷和框架柱抗侧刚度之间的关系，通过分析无侧移框架特征结构单元给出了计算强支撑无侧移钢框架整体临界力的计算公式，揭示了无侧移框架同层柱间的相互支援以及层与层之间的支援规律；第 6 章将单根含弹性支撑的分离柱临界力计算方法扩展运用到整体结构上寻求计算支撑钢框架结构临界力的简便计算方法，弥补了规范尚无弱支撑钢框架结构稳定计算方法的不足；第 7 章分析了影响斜腿钢框架临界力的关键因素，分析了梁柱长度关系、梁柱线刚度关系和计算长度系数三者之间的变化规律，并给出了确定斜腿框架柱计算长度系数的诺模图；第 8 章针对伸臂斜腿钢框架的整体稳定进行了分析，给出了便于工程应用的伸臂斜腿钢框架柱计算长度系数的诺模图。

本书由昆明学院兰树伟与昆明理工大学周东华教授、云南科仑工程质量检测有限公司谈燕合作完成。本书的研究工作得到了国家自然科学基金(51868034、51668027、52068068、51708486)、云南省科技厅基础研究专项面上项目(202401AT070031)、云南省地方本科高校基础研究联合专项青年项目(202101BA070001-003)、昆明学院引进人才科研项目(XJ20210029)，以及昆明学院高烈度区工程减隔震技术研究与应用科研特色团队的资助，在此表示衷心的感谢！

限于作者水平有限，书中难免存在不足之处，敬请广大读者批评指正，也欢迎业内人士共同探讨和交流。

兰树伟

2023 年 12 月

目　录

第1章　绪　论

1.1　研究的背景与意义

1.1.1　结构的稳定问题

钢框架和支撑框架是钢结构的两种基本受力体系,广泛用于工业与民用建筑。根据结构形式、受力方式、材料性质的不同,结构极限承载力取决于材料的最大强度、结构稳定、材料疲劳或脆断等因素。钢材轻质高强,钢结构的构件通常比较柔细和单薄,在轴压或压弯作用下,结构可能出现局部或整体失稳,稳定因素限制钢结构和构件的极限承载力。

在钢结构工程技术发展史上,出现过许多严重的失稳和坍塌事件,这也加快了人们对事故相关稳定问题的研究与探索。1875 年,俄国克夫达河的敞开式桁架桥因上弦压杆发生侧向失稳导致全桥破坏。1907 年,加拿大魁北克大桥发生施工事故,施工桥梁结构全部坠入河中,造成 75 名施工人员遇难,破坏原因是下弦杆受压失稳[1]。1940 年,美国塔科玛海峡吊桥倒塌,弗拉索夫基于薄壁构件弯扭振动方程,考虑空气动力的影响,解释了空气动力失稳造成桥梁倒塌的原因[2]。1963 年,罗马尼亚布加勒斯特穹顶由于弹性失稳而倒塌,这种整体失稳属于跳跃失稳[3]。1978 年,美国康涅狄格州哈特福特市的一所体育馆发生破坏事故,其结构形式为网架结构,结构平面尺寸为 92 m×110 m,属于大跨度网架,破坏原因为杆件受压而发生屈曲[4]。我国此类失稳事故也时有发生。1988 年,山西省太原市发生了一起网架塌落破坏事故,该网架平面尺寸为 13.2 m×17.99 m,在施工过程中突然发生局部倒塌,后来分析事故原因是,塌落处的网架腹杆受压且达到材料的强度极限,从而发生屈曲失稳[5]。1990 年,大连某工厂的梭形轻钢屋架因受压腹杆失稳破坏而倒塌,造成 42 人死亡、179 人受伤。2012 年,北京市朝阳区在建钢结构房屋发生局部失稳而倒塌,造成 4 人死亡、6 人受伤。2020 年,福建省泉州市某酒店钢结构房屋发生整体失稳而倒塌,造成 29 人死亡。可见,对结构的稳定问题进行深入分析和研究是很有必要的,也是必须引起充分重视的。

按照结构的抗侧力体系和构造形式,框架体系可以分为纯框架(图 1.1)和支撑框架(图 1.2)两种形式。

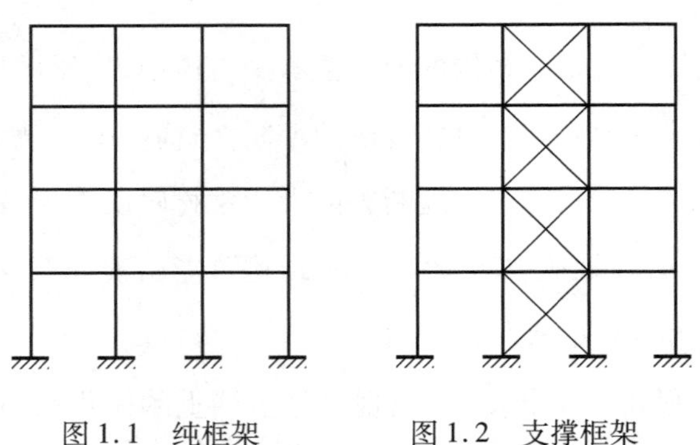

图 1.1　纯框架　　　　图 1.2　支撑框架

(1)纯框架

纯框架也称作抗弯框架,是一种常见的结构形式。它由一系列相互连接的梁、柱和节点组成,承受竖向和水平荷载,梁柱节点常采用刚性连接。其优点是柱网布置灵活、自重轻、延性好、塑性变形能力强、抗震性能优良、施工简便等。在水平荷载作用下,纯框架的侧移由两部分组成。第一部分侧移由层间剪力引起的梁柱弯曲变形产生。框架下部梁柱内力大,层间变形也大,越到上部,层间变形越小,结构整体呈剪切型变形。第二部分侧移由整体倾覆力矩引起的柱轴向拉伸和压缩变形产生。这种侧移在上部各层较大,越到底部,层间变形越小,结构整体呈弯曲变形。纯框架的第一部分侧移占主要地位,随着建筑高度增加,第二部分变形比例逐渐增大,但是总侧移仍然呈剪切型变形特征[6]。纯框架没有横向刚度大的抗侧力构件,只能依靠自身横向刚度小的框架柱来承担水平荷载,因此属于典型的柔性结构体系,抗侧刚度较小,从而限制了纯框架结构的使用高度。

(2)支撑框架

为避免高层建筑产生过大的侧向位移,同时控制梁、柱截面及相应的用钢量,设置支撑可经济有效地提高结构的抗侧刚度和极限承载力。支撑类型的选择与结构抗震设防、建筑层高、柱距以及使用要求有关,因此需要根据不同的设计条件选择适宜的支撑形式。常见的支撑有交叉斜撑、单斜撑、剪力墙和核心筒等。

支撑框架体系是由纯框架体系演变而来,即在框架体系的部分框架柱之间设置竖向支撑。在水平荷载作用下,通过楼板的变形协调与刚接框架共同工作形成双重抗侧力体系。支撑是第一道防线,承担大部分水平剪力;框架是第二道防线,承担少部分水平剪力。支撑框架中的支撑发生屈曲或破坏后,由于支撑杆件一般不承受竖向荷载,因此不会影响结构的竖向荷载承载力,不致危及结构的基本安全。

1.1.2 稳定的意义

结构平衡状态的稳定性是指结构在受到外界荷载或干扰时,能够保持原有的平衡状态而不倒塌或发生失稳。力学平衡是结构分析计算中必须遵循的一个基本准则,稳定是对结构平衡状态性质的一种描述[7]。为了阐述清楚结构稳定状态这一基本问题,用图 1.3 所示的分别处于三种不同位置的小球来说明结构平衡状态的稳定性。当处于稳定平衡状态时,对于图 1.3(a)中的初始位置位于最底部的小球,若给它施加一个小的扰动,小球能够回到最初始的底部位置;当处于不稳定平衡状态时,对于图 1.3(b)中初始位置的位于最顶部的小球,同样给它施加一个小的外部干扰,小球无法回到初始位置,即无法回到最顶端位置;当处于随遇平衡状态时,对于图 1.3(c)中所处位置的小球,若仍然给其施加一个小的扰动,小球会离开初始位置,撤销外部干扰后,小球无法回到初始位置,此时小球处于一种新的界限平衡状态,也称为临界平衡状态。

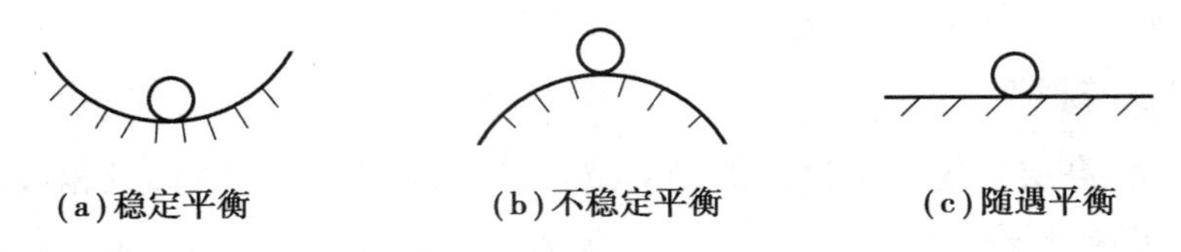

图 1.3　平衡状态的特性

人们通常期望结构的平衡是稳定的,因此求解纯框架和支撑框架结构整体稳定问题,往往需要分析结构在荷载作用下的临界平衡状态。对该临界平衡状态进行分析,求解该临界点上的承载力,即结构的临界承载力,使结构实际能够承受的荷载低于临界承载力,以保证结构不发生失稳。对结构临界承载力的求解,应按照二阶理论来计算内力[8],属于二阶非线性问题。

1.1.3　钢结构的二阶效应

有侧移的钢结构,其各楼层处均有楼层侧移,两楼层侧移之差为楼层相对侧移。当楼层竖向荷载位置发生了移动且移动量为楼层相对侧移时,此时产生的二阶效应称为 P-Δ 效应。另外,楼层之间还有层间变形,层间变形是在楼层相对侧移的基础上发生额外的局部弯曲变形,楼层竖向荷载针对层间变形引起的二阶效应称为 P-δ 效应(图 1.4)。因此,有侧移结构中既有 P-Δ 效应,也有 P-δ 效应,但后者与前者相比相对很小,可忽略不计,而只考虑 P-Δ 效应。无侧移结构中各楼层处的侧移相对很小,理论上可忽略不计,即认为楼层处无侧移,因此也无 P-Δ 效应,但在楼层之间还有层间变形,楼层竖向荷载针对层间变形将产生 P-δ 效应。因此,无侧移结构中没有 P-Δ 效应,只考虑 P-δ 效应。

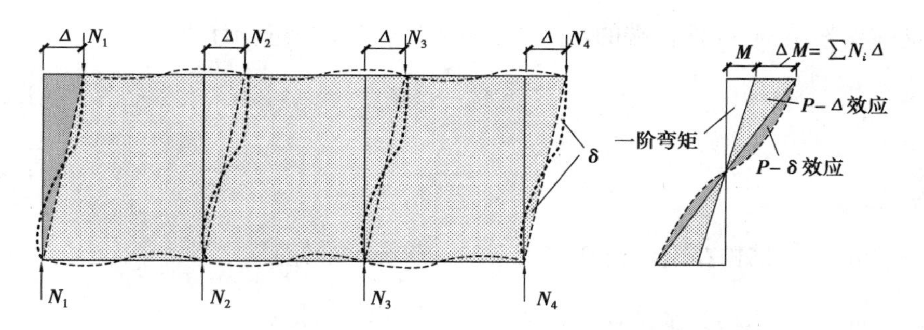

图1.4 P-Δ效应和P-δ效应示意

结构是否需要进行二阶分析,可根据二阶效应系数θ的大小确定。当$\theta \leqslant 0.1$时,可采用一阶弹性分析法,即线弹性分析方法,此时可以不考虑P-Δ效应;当$0.1 < \theta \leqslant 0.25$时,宜采用二阶$P$-$\Delta$弹性分析方法或直接分析法;当$\theta > 0.25$时,应采用增大结构的侧移刚度或采用直接分析设计方法[9]。规则框架结构和一般结构的二阶效应系数θ分别计算如下:

(1)规则框架结构的二阶效应系数

$$\theta = \frac{\sum N_i \cdot \Delta u_i}{\sum H_{ki} \cdot h_i} \tag{1.1}$$

式中 $\sum N_i$——所计算i楼层各柱轴心压力设计值之和;

$\sum H_{ki}$——产生层间位移Δu的计算楼层及以上各层的水平力标准值之和;

h_i——所计算i楼层的层高;

Δu_i——$\sum H_{ki}$作用下按一阶弹性分析求得的计算楼层的层间侧移。

(2)一般结构的二阶效应系数

$$\theta = \frac{1}{\eta_{cr}} \tag{1.2}$$

式中 η_{cr}——整体结构最低阶弹性临界荷载与荷载设计值的比值。

可根据近似的二阶理论对一阶弯矩进行放大来考虑二阶P-Δ效应。对于

无支撑框架结构,杆件杆端的弯矩 M_{Δ}^{II} 可采用式(1.3)进行计算:

$$M_{\Delta}^{II}=M_{q}+\alpha_{i}^{II}M_{H} \tag{1.3}$$

$$\alpha_{i}^{II}=\frac{1}{1-\theta_{i}} \tag{1.4}$$

式中 M_{q}——结构在竖向荷载作用下的一阶弹性弯矩;

M_{H}——结构在水平荷载作用下的一阶弹性弯矩;

α_{i}^{II}——第 i 层杆件的弯矩增大系数,当 $\alpha_{i}>1.33$ 时,宜增大结构的侧移刚度;

θ_{i}——二阶效应系数,由式(1.1)或式(1.2)求得。

要解决钢结构的稳定问题,最有效的方法是求出结构的临界荷载(临界力),使得结构实际能够承受的荷载低于临界荷载,以保证结构不发生失稳。从二阶效应系数计算公式可以看出,确定框架结构和支撑框架结构整体稳定的临界荷载(临界力)具有重要意义,能够判断结构是否需要考虑二阶效应,可用于计算结构的二阶 $P-\Delta$ 效应。

1.2 目前存在和有待解决的问题

本书基于临界失稳状态时结构荷载刚度将抗侧刚度削弱为零的基本原则,以杆件层次的受压柱(包括无支撑自由侧移、强支撑无侧移和弱支撑弹性侧移)和整体结构层次的框架和支撑框架(包括强支撑和弱支撑)结构为研究对象,通过理论解析的方法,对这两个层次进行稳定承载力分析,并提出了一种基于刚度激活程度的轴力面积比法求解框架临界承载力,给出了弱支撑弹性侧移框架柱计算长度系数的诺模图。本书首先分析框架柱和结构整体稳定分析的几个基本问题,再对现有的求解结构稳定问题的主要计算方法进行介绍和总结,最后提出框架及支撑框架结构整体稳定承载力计算和设计中有待解决的问题。

1.2.1　框架柱的稳定问题

1)轴心受压框架柱：弹性屈曲

对于图1.5(a)所示的理想轴心受压框架柱(即假定柱既无初始缺陷也不存在初始偏心),这种类型的受压柱失稳受到了广泛的研究。其破坏类型属于屈曲失稳,即受压柱承载力超过其极限承载力而发生失稳,此承载力的极限值称为屈曲荷载,也称为临界荷载,这一问题也称为屈曲问题或特征值问题。

对于细长柱,柱因受压屈曲丧失稳定而破坏,屈曲荷载起控制作用,材料应力没有达到强度应力允许值。

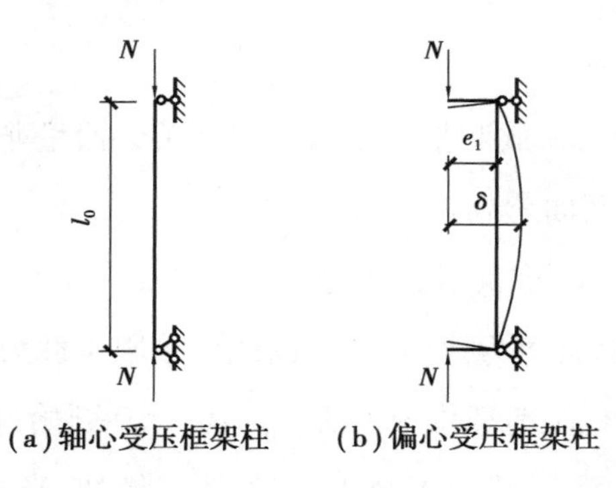

图1.5　柱的类型

2)偏心受压框架柱：极值点失稳

实际上理想受压柱是不存在的,实际工况中的柱可能存在初始缺陷,轴力的作用点也可能存在初始偏心,因而绝大部分的柱都是偏心受压柱[图1.5(b)]。其破坏类型属于极值点失稳(第二类失稳),其极限荷载也称为失稳极限荷载[10]。

偏心受压柱的一阶弹性、二阶弹性和二阶弹-塑性分析的荷载-挠度曲线如图1.6所示。当$N=0$时,柱存在初始偏心距e_1,3种曲线的挠度变形都是从e_1开始的。

(1)一阶弹性分析

采用一阶弹性分析时,荷载与挠度呈线性关系,因此在图 1.6 中为一条直线。

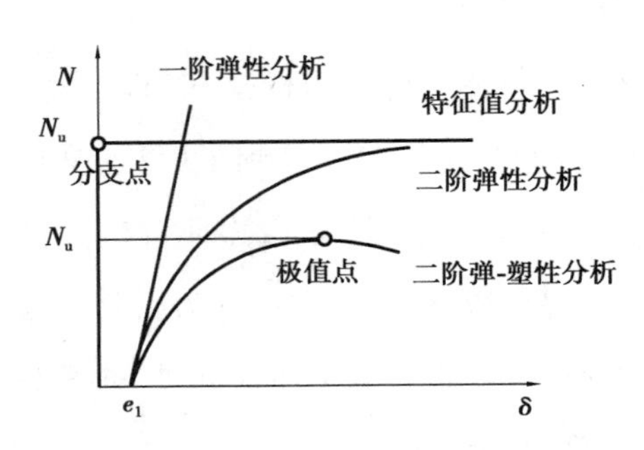

图 1.6　柱的荷载-挠度曲线

(2)二阶弹性分析

采用二阶分析时,荷载和挠度不再呈线性关系而呈非线性关系,当材料为弹性时,曲线趋近于屈曲荷载。

(3)二阶弹-塑性分析(极值点失稳)

采用二阶分析且材料为弹塑性时,曲线的极限承载力大大降低,曲线由上升段和下降段组成,极限荷载位于极值点。从 $N=0$ 开始,挠度随着荷载的增大而增大,进入塑性阶段,曲线斜率减小,挠度快速增加,当荷载作用达到极限值(极值点),曲线进入下降段,荷载必须下降才能维持内力和外力的平衡。由于这种变化特性,因而极值点失稳也被称为量变失稳[11]。

3)框架柱的计算长度系数

1759 年,欧拉(Euler)提出了弹性阶段柱的屈曲荷载 N_E 的计算式:

$$N_E=\frac{\pi^2 EI}{l_0^{\ 2}} \tag{1.5}$$

式中　EI——柱的抗弯刚度;

l_0——柱的计算长度。

利用式(1.5)计算框架柱临界荷载在二阶弹性分析中得到了广泛应用,屈

曲荷载 N_E 是弹性细长柱的一个重要特征变量,是一些二阶分析方法中的重要参数。只要确定了柱的计算长度,就可以求出框架柱的屈曲荷载,即临界力。由此可见,计算长度问题也属于临界力计算问题。框架柱的计算长度系数,不仅与框架所有杆件的抗弯刚度和抗侧刚度有关,还和框架丧失稳定的形式有关。框架可能发生有侧移或无侧移的失稳。要进行框架柱的稳定计算,首先要确定柱的计算长度系数。为此,《钢结构设计标准》(GB 50017—2017)给出了有侧移框架柱和无侧移框架柱的计算长度系数表格,也给出了强支撑无侧移框架柱的判别公式。当前的计算长度系数法是逐根计算单个柱的稳定性,不能反映整体失稳的特点,即不能反映同层各柱子之间及不同楼层柱子之间的相互作用。

1.2.2 钢结构的整体稳定问题

钢结构稳定分析属于二阶问题,精确地解析计算出钢结构的弹性稳定临界承载力极为复杂,需要按照平衡分析列出平衡方程,根据边界条件得出结构特征方程,由于特征方程为复杂的超越特征方程,精确求解需迭代求解。用能量法近似求解结构弹性稳定临界承载力,由于结构杆件众多,总势能方程将变得非常冗长和复杂,工程应用极为不方便。钢结构弹性稳定属于几何非线性,杆件随着荷载的增加,其变形也会逐渐增加,因截面进入塑性而呈现材料非线性的特点。杆件层次的弹塑性稳定精确分析是复杂的,对于钢结构,由于杆件数量多,若再考虑材料非线性,精确求解将变得极为复杂。钢框架增加支撑体系后,还需要考虑支撑体系对钢结构框架整体稳定性的支撑作用,也使得钢结构整体稳定计算变得更为复杂。

随着计算机技术的快速发展,20 世纪 60 年代以后,利用计算机技术求解钢结构整体稳定问题的应用也越来越多,其中,应用最多的就是有限元法。有限元法使得钢结构整体稳定和二阶效应计算分析中的几何非线性和材料非线性的复杂计算得以实现。现在使用有限元软件求解结构稳定变得越来越多,而软件计算理论和方法却隐含在软件中,使用者接触和看到的主要是输入和输出部分,对于软件计算的内核了解很少。如何对有限元计算结果进行检验是一个不可回避的问题,这些都是处理钢结构整体稳定亟待解决的问题。

1.2.3 现有的主要计算方法

目前,结构的稳定分析和设计方法主要有 6 大类:平衡法、能量法、动力法、数值方法、有限元法和规范计算长度系数法。

1)平衡法

平衡法[1]是求解结构稳定承载力的最基本方法,也称为中性平衡法或静力平衡法。对于有平衡分支点的弹性稳定问题,由图 1.6 可知,屈曲失稳在分支点处于临界平衡状态[类似图 1.3(c)中的小球],即以分支点为分界,一个是结构的平衡状态[类似图 1.3(a)中的小球],一个是结构的不平衡状态[类似图 1.3(b)中的小球]。平衡法是根据已产生微小变形后的结构受力条件,建立平衡法方程进行求解。若平衡方程的解不止一个,则这些解的最小值为该结构的分岔屈曲荷载。在许多情况下,采用平衡法可以获得精确解。

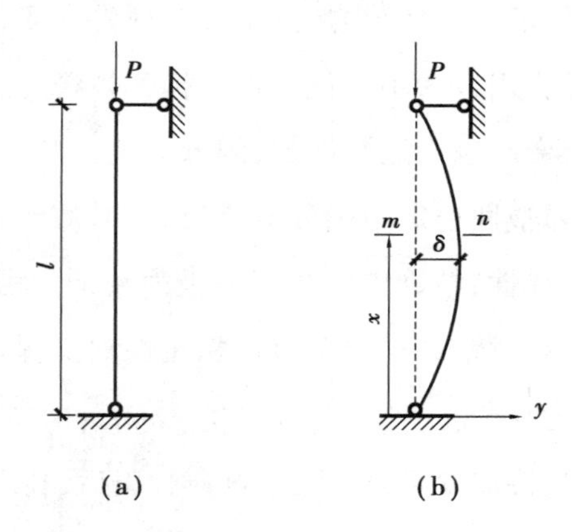

图 1.7　两端铰接柱

以图 1.7 所示的两端铰接柱为例对平衡法进行介绍。根据弯矩平衡,对任一横截面 $m-n$ 取矩得:$M=P\cdot y$,于是挠度曲线的微分方程为

$$EI\frac{\mathrm{d}^2y}{\mathrm{d}x^2}=-P\cdot y \tag{1.6}$$

取 $\kappa^2=\frac{P}{EI}$,可将方程(1.6)写为

$$\frac{\mathrm{d}^2y}{\mathrm{d}x^2}+\kappa^2y=0 \tag{1.7}$$

方程(1.7)的通解为

$$y=A\cos\kappa x+B\sin\kappa x \tag{1.8}$$

存在如下边界条件:

$$y\big|_{x=0}=0$$

$$\left.\frac{\mathrm{d}^2y}{\mathrm{d}x^2}\right|_{x=0}=0$$

将上述边界条件代入式(1.8)可得:

$$y=\delta\sin\kappa x \tag{1.9}$$

利用杆顶端的边界条件 $y\big|_{x=l}=0$,由式(1.9)可求得:

$$\delta\sin\kappa l=0$$

取最小解 $\kappa l=\pi$,由此求得 $\kappa l=l\sqrt{\frac{P}{EI}}=\pi$。

可得临界承载力:

$$P_{\mathrm{cr}}=\frac{\pi^2EI}{l^2}=9.859\ 6\frac{EI}{l^2} \tag{1.10}$$

当结构加载大于式(1.10)所求的屈曲临界荷载时,结构挠度将急剧增加而失去稳定,无法继续承载。

2)能量法

能量法[12]是计算结构临界屈曲荷载的一种近似分析方法。如果结构承受着保守力,则可以根据变形结构的受力条件建立变形体的总势能,总势能 Π 是变形体的应变能 U 和外力势能 V 之和。如果结构处在平衡状态,则其总势能必有驻值。根据势能驻值原理,先由总势能对位移的一阶变分为零,得到平衡方

程,再由平衡方程求解分岔屈曲荷载。按照小变形理论,能量法一般只能获得屈曲荷载的近似解,但如果能够事先了解屈曲后的变形形式,采用此变形形式计算则可得到精确解。

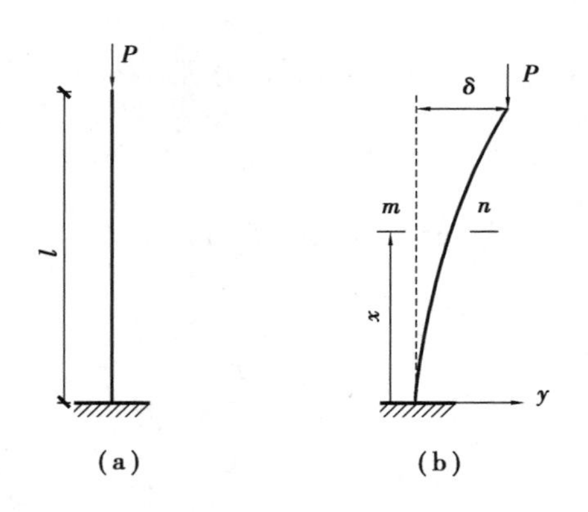

图 1.8 悬臂柱

以图 1.8 所示的悬臂柱为例,假定集中荷载作用在自由端的悬臂柱挠度曲线为

$$y=\frac{\delta x^2}{2l^3}(3l-x) \tag{1.11}$$

假定该曲线符合所需端点条件,即在固定端的切线是铅直的,而在顶端的曲率为零,悬臂柱的弯曲应变能为

$$\Delta U=\int_0^l \frac{M^2}{2EI}\mathrm{d}x=\frac{P^2}{2EI}\int_0^l(\delta-y)^2\mathrm{d}x \tag{1.12}$$

集中荷载做功为

$$\Delta T=\frac{1}{2}P\int_0^l\left(\frac{\mathrm{d}y}{\mathrm{d}x}\right)^2\mathrm{d}x=\frac{3}{5}\frac{P\delta^2}{l} \tag{1.13}$$

根据势能驻值原理,总势能对位移的一阶变分为零求解屈曲荷载,可得:

$$2\times\frac{17}{35}\frac{P^2\delta l}{2EI}-2\times\frac{3}{5}\frac{P\delta}{l}=0$$

$$P_{\mathrm{cr}}=\frac{42}{17}\frac{EI}{l^2}=2.470\ 6\frac{EI}{l^2} \tag{1.14}$$

悬臂柱采用平衡法求得的临界力精确解 $P_{cr}=\frac{\pi^2EI}{4l^2}=2.4649\frac{EI}{l^2}$，经过计算分析，采用能量法求得的临界力与平衡法求得的精确解误差仅为0.13%。

3）动力法

处于平衡状态的结构体系，若在外部施加一个小的干扰，小球将发生振动，动力法[3]就是建立这种振动和已作用荷载的关系的方法。当荷载小于稳定的极限值时，加速度和变形的方向相反，因此撤去干扰后，运动趋于静止，该振动是收敛的，结构的平衡状态是稳定的[图1.9(a)]；当荷载大于极限值时，加速度和变形的方向相同，即使将干扰撤去，运动仍是发散的，因此结构的平衡状态是不稳定的[图1.9(b)]；使得杆件振动收敛的最大荷载就是杆件的临界荷载，即结构的屈曲荷载，可由结构振动频率为零的条件解得，此时振幅始终保持一样大，结构处于临界平衡状态[图1.9(c)]。

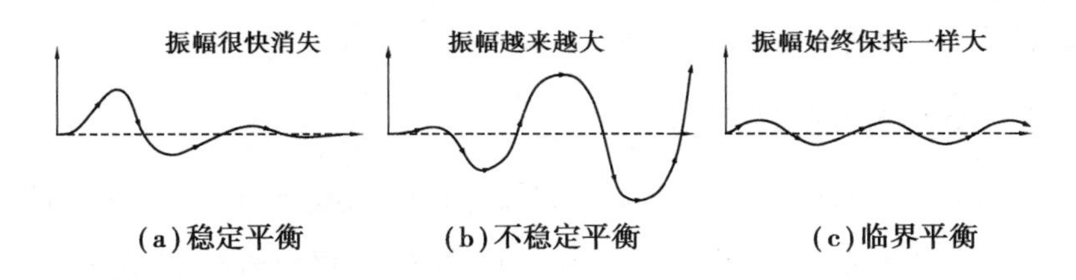

图1.9　平衡状态的振幅图

4）数值方法

数值方法[13]在平衡法和能量法运算过程中经常使用，数值积分法是常用的一种。在很多实际应用中，人们可能只能知道积分函数在某些特定点的取值，或者积分函数可能是某个微分方程的解，这些都无法用求原函数的方法计算函数的积分，因此只能使用数值积分计算函数的近似值。数值积分法可将柱进行分段，如图1.10所示，考虑节点之间及边界的变形协调和平衡关系（几何非线性），对每一节点考虑真实的弯矩-曲率非线性关系（材料非线性），通过增量加载的方式得到荷载-挠度曲线，确定杆件的极限承载力，再进行截面设计。

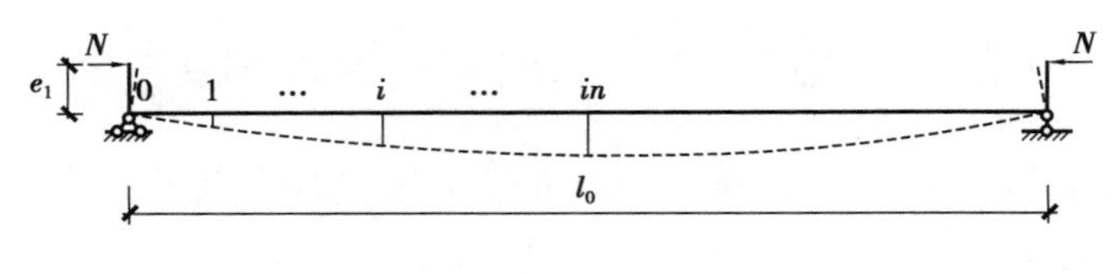

图 1.10 数值方法的分段

5)有限元法

在计算机性能容许的范围内,面对人工计算已经很难解决的材料非线性问题和几何非线性问题,有限元法[14]都不需要任何简化,都可以通过增量加载的方法解决。目前,有限元方法可以高效地实现在弹性范围内的结构整体稳定分析。在弹塑性范围内进行钢结构整体稳定分析,由于需要考虑几何非线性和材料非线性,而且结构杆件众多,采用有限元软件计算是比较困难的,如何对稳定分析计算结果进行准确地判断也是很重要的。因为若无法对计算结果进行准确地判断,会给工程结构安全带来灾难性的后果。因此,有必要寻求便于工程应用的钢结构整体稳定的计算方法。

6)规范计算长度系数法

我国《钢结构设计标准》基于传统的计算长度系数法在附录 E 中给出了部分框架柱计算长度系数的计算表格,利用这些图表,可以逐根求得框架柱弹性稳定承载力,进而确定框架结构承载力。对于支撑框架结构,考虑 $P\text{-}\Delta$ 效应的影响,《钢结构设计标准》也给出了增大系数的计算方法,通过增大系数对一阶弯矩进行增大,但增大系数的确定需要确定结构的临界承载力。当支撑体系为剪力墙、筒体时,《高层建筑混凝土结构技术规程》[17]规定,计算框架-剪力墙结构二阶效应放大系数时,将其等效为等截面的悬臂受弯构件,利用顶点位移相等的原则计算结构刚度。这种等效计算相对粗糙,不能考虑框架与剪力墙的相互作用,而且非真正意义上的框架-剪力墙结构。《高层民用建筑钢结构技术规程》[16]规定,对于弯剪型结构,结构的整体稳定性以结构整体的刚重比保证;对于剪切型结构,结构的整体稳定性以某层柱的失稳作为结构的稳定承载力而非整体结构的稳定承载力。这些正是钢结构整体稳定临界力求解的内容,其求解精度受到计算长度计算的影响。规范计算长度系数法求解钢结构稳定承载力，需要逐根计算钢柱临界承载力，计算多有不便，而且无法考虑同层柱之间以及层与层之间的支撑作用，且规范给出的计算长度系数表格尚未考虑弱支撑弹性侧移框架柱，有必要寻求更好的求解办法。

1.2.4　问题的提出

框架及支撑框架结构中同层柱之间相互支援以及层与层之间的支援作用是客观存在的内在规律，得到支援的柱子临界力会相应提高，提供支援的柱子临界力会相应减小。在计算框架及支撑框架结构整体稳定承载力时，若不能考虑这两种支援作用，将会低估或高估柱子的临界力，带来安全隐患。我国《钢结构设计标准》给出的框架柱计算长度系数的计算表格确定结构临界承载力的方法，仅适用于各柱轴力相等的规则框架，尚无法考虑同层柱之间相互支援以及层与层之间的支援作用。因此，尚需寻找能考虑这两种支援作用的钢结构整体稳定临界承载力的简便计算方法。

现在使用有限元软件求解钢结构稳定变得越来越多，而软件计算理论和方法却隐含在软件中，工程师对软件计算内核了解却很少。人们开始思考如何对有限元计算结果进行检验，能不能将复杂的框架和支撑框架临界力求解转变为工程师比较熟悉的刚度问题进行求解？

我国《钢结构设计规范》给出了无支撑自由侧移和强支撑无侧移的框架柱计算长度系数的计算表格，并给出了强支撑刚度的判别公式。若支撑刚度较弱，无法达到强支撑刚度要求时，此时结构侧移介于无侧移和自由侧移之间，称为弹性侧移，由于此时支撑较弱，结构可称为弱支撑框架柱。对于这种弹性侧移类型的弱支撑框架柱，其计算长度系数应该怎么确定，这是目前规范中还缺少和亟待研究和补充的内容。

采用平衡法精确求解钢框架的弹性稳定临界承载力，由于特征方程为复杂的超越特征方程，精确求解需迭代求解，难度极大；用能量法近似求解钢框架弹性稳定临界承载力,由于结构杆件众多,总势能方程非常冗长和复杂,工程应用极为不方便。对于多层框架,基于规范的计算长度系数法需要逐根柱计算弹性稳定承载力,由于框架杆件较多,计算烦琐,而且每根柱都有不同的计算长度系数,可计算出不同的结构临界力,这显然与实际不符。

我国规范没有给出支撑框架弹性稳定承载力的计算方法,存在确定框架柱计算长度系数时如何考虑支撑体系的影响,有没有能够直接计算支撑框架结构临界承载力的实用解析算法,能不能很容易地确定出支撑框架结构中框架柱的计算长度系数等问题。

规范法求解公式复杂,求解过程参数众多,计算多有不便,有必要寻求更好的求解办法。

1.3 框架及支撑钢框架结构稳定的研究综述

1.3.1 国外

细长构件的早期研究从钢压杆开始,Euler(1744 年)对弹性受压柱稳定进行研究,提出了柱临界荷载理论。Stephen S. Timoshenko[13](1936 年)系统地阐述了弹性稳定理论,将稳定理论提升为结构力学领域的一门独立学科。Bleich[18](1952 年)将框架的失稳模态分为有侧移和无侧移两种。Julian 和 Lawrence(1959 年)根据子结构模型提出有侧移和无侧移框架计算长度系数的计算方法。Ojalvo[19](1962 年)基于挠度曲线提出了柱端弯矩-端转角的相关曲线图解应用法。Yura[20-21](1971、1972 年)指出,框架有侧移失稳时,单柱或部分柱不可能首先失稳,应为同层各柱整体发生侧移失稳,同层各柱之间刚度大的柱为刚度小的柱提供支援。Rosman[22](1974 年)探讨了剪力墙支撑框架的稳定性,基于剪力墙和框架柱沿高度不变以及荷载沿高度均布的假定,给出了结构整体临界荷载计算表格。LeMessurier[23-24](1976、1977 年)系统地探讨了整层发生弹性有侧移屈曲的现象，提出了带摇摆柱框架和荷载或刚度分布不均匀框架的计算长度系数修正公式。Bridge[25-26]（1986 年）对框架发生无侧移失稳时的柱端约束参数进行修正，利用线性化的稳定函数，通过迭代运算得到了计算长度系数，这种方法可考虑层间相互作用。Duan L[27-28]（1988、1989 年）在传统计算长度系数法的基础上，推导了柱子上下远端铰接或固定的子结构的无侧移和自由侧移失稳特征方程，进而求得了相应的计算长度系数。Lee[29]（1992 年）在结构稳定分析过程中考虑横向荷载的影响，分析了平面支撑框架的弹塑性稳定性，利用梁柱单元切线刚度矩阵，得出了使得框架发生无侧移失稳的临界支撑面积近似计算公式。Hellesland[30-31]（1996、1997 年）提出，求解框架结构临界力时，应考虑同层柱之间的支援和上下层柱之间的相互支援，并将计算长度系数进行平均以考虑构件之间的相互作用，这种方法不适用刚度差别大的框架，且精度不高。Clarke[32]（1997 年）综合考虑了几何缺陷、残余应力和材料塑性因素的影响，分别采用塑性区法和计算长度系数法分析了不同约束带缺陷压杆模型，对假想荷载系数进行了校准，提供了 3 种不同精度的假想荷载取值表达式，并在竖向和水平向联合加载下，采用梁柱刚接、铰接或带摇摆柱框架算例，对其适用性和精度进行了验证。White[33-35]（1997 年）利用 AISC-LRFD 柱稳定曲线引入刚度衰减系数，衡量塑性的开展程度，按照整层失稳理论，分别推导了构件屈曲、层屈曲和整体屈曲 3 种模型的修正计算长度系数。Aristizabal[36-37]（1997 年）在稳定分析过程中考虑了梁柱节点的半刚性，对计算长度系数法的适用范围进行了推广，使其更符合工程实际受力情况。Lokkas[38]（2000 年）在结构稳定分析过程中考虑有侧移失稳和无侧移失稳的相互作用，推导了考虑两种失稳模态相互作用的屈曲方程，进行了框架模型试验，验证了框架失稳时两种失稳模态的相互作用。Kim 和 Lee[39]（2000 年）采用数值方法计算等偏心受力的钢筋混凝土铰支柱的变形性能，给出了一些数值拟合的计算公式，并将理论计算结果与试验结果进行对比。Kwak 和 Kim[40]（2006 年）考虑了混凝土的开裂和长期荷载下的徐变，在稳定分析细长钢筋混凝土柱时，考虑其材料非线性，在初始应力矩阵中考虑二阶效应,在截面上采用条带法。A. Webber[41](2015 年)对柱的计算长度系数法进行改进,可考虑同层柱支援作用,但其假定柱远端为固接,这样不能充分考虑层与层之间的支援作用,且受荷载分布限制。Kala[42](2016 年)研究了初始缺陷对钢框架结构整体稳定承载能力的影响,提出了初始缺陷对稳定承载能力的影响与柱高度和端部约束条件有关的结论。Coric[43](2016 年)采用有限元数值分析方法对钢框架结构弹塑性整体稳定进行了研究,提出了一种框架结构弹塑性临界荷载的计算方法。Pimentel[44](2020 年)根据欧洲钢结构规范提出了可以考虑结构变形影响的钢结构稳定设计方法,并给出了对应的稳定设计实例。Quan[45](2022 年)对存在初始几何缺陷和残余应力的钢结构进行了分析,提出了一种通过等效缺陷对钢结构进行二阶弹性分析的方法。

1.3.2 国内

国内在杆件层次的稳定分析方面已经做了很多研究,特别是对钢结构的受压柱,例如钱冬生[46-48]、陈绍蕃[49-54]、陈骥[55-58]、舒兴平[59-61]、朱伯龙[62-64]和童根树[65-67]等在这方面开展了许多研究。在结构层次的稳定分析方面,国内也做了些研究。吴惠弼[68](1982 年)假定框架的总荷载与荷载在各柱的分配状况无关,利用加权平均的方法对计算长度系数进行修正。梁启智和谢理[69](1986 年)采用连续化的方法对框架-剪力墙结构进行侧向失稳的临界荷载求解,该法考虑框架柱轴向变形和剪力墙之间的连梁作用,推导了一组基本微分方程,借助计算机采用有限积分法进行求解计算。周绥平[70](1989 年)对单跨支撑框架进行二阶弹塑性分析,发现了框架发生柱屈曲、梁跨中形成塑性铰和柱强度破坏 3 种破坏形式,并将得到的框架极限承载力计算结果与规范求解结果进行比较分析。梁启智[71](1992 年) 提出了确定框架临界承载力的累积算法,其方法的本质是寻找结构的薄弱层,将各层富余刚度集中在薄弱层的两端,通过计算薄弱层的计算长度系数确定框架弹性稳定承载力,该法可以很好地考虑层与层之间的相互支援作用。包世华[72-73](1992、2013 年)采用连续化方法考虑框架刚度,进行了考虑楼板变形的框架-剪力墙结构整体稳定分析,导出了结构稳定微分方程组,借助数值分析方法得出了临界失稳荷载,分析了支撑刚度与整体临界力之间的关系。沈祖炎[74-75](1994、1995 年)提出了支撑框架弹塑性稳定分析改进的二阶效应计算方法,采用牛顿-拉夫逊法迭代计算,结构总体刚度矩阵由割线模量迭代求得,该法需要进行多次迭代计算求解过程复杂。徐伟良[76](1994 年)、郑廷银[77]和周强[78](2000 年)提出可以考虑轴力的二阶效应、残余应力、刚度退化等几何和材料非线性因素影响的钢框架二阶弹塑性分析的简化塑性区法以及大变形简便计算方法,并通过刚度等效原则将结构的二阶效应等效为结构的负刚度,提出了一种高层建筑支撑钢框架结构二阶位移的实用算法。崔晓强[79](2001 年)对支撑框架进行弹性稳定分析,考虑节点柔性连接,得到了考虑节点柔性连接的临界支撑刚度和弱支撑框架柱计算长度系数计算公式。陈红英[80](2001 年)假定荷载、剪力墙刚度和框架刚度沿着建筑高度方向呈等比数列变化,对弯曲型支撑框架进行弹性稳定分析,推导了结构弹性稳定方程,借助于图标求解拟合得出了临界支撑近似公式。季渊[81-82](2002、2003 年)假定框架柱抗弯刚度和轴力沿着高度方向呈线性变化,以刚性模型分析和有限元计算为基础,给出了求解弹性临界荷载的经验公式和临界支撑刚度近似计算公式。郝仕玲[83](2004 年)分析了钢结构设计规范中强支撑框架判别式,分析了无侧移框架判别式或强支撑框架判别式应用于仅部分层间有斜撑的框架及错层框架稳定性计算时所遇到的问题。童根树[84](2005 年)利用轴力等效负刚度的基本原理,得到了求解两层框架有侧移失稳时柱端转动约束的一个一元二次方程,求解参数众多,通过计算可以求得框架柱计算长度系数的精确解,并提出了 3 层及 3 层以上框架临界承载力的计算方法,该法可以考虑层与层之间的支援作用。胡进秀[85](2006 年)对两层两跨支撑框架进行研究,分析了连续梁模型,推导了计算稳定性的弯曲型支撑框架中柱端弯矩放大系数的计算公式。高宇[86](2006 年)建立了双重抗侧力体系分析计算模型,推导了弯剪型支撑框架弯曲侧移解析解，该法可以考虑二阶效应的影响，得出了双重抗侧力体系的总临界荷载计算方法。郝际平[87]（2011 年）以传统计算长度系数法为基础，利用等效负刚度的概念对多层框架整体稳定进行计算，该法求解精度受荷载分布限制。耿旭阳[88]（2014 年）基于平衡法推导了不同约束情况下框架柱计算长度计算公式，并给出了一些图表。QuanWang Li[89]（2016 年）提出了一种确定多层框架稳定的算法，该法需求解各杆件刚度并进行组装得到一个超越方程，求解需借助数学计算软件迭代计算。金波[90]（2018 年）基于弯曲型悬臂杆件欧拉临界荷载计算方法推导了钢结构二阶效应放大系数计算公式，探讨了规范整体稳定验算公式的局限性。黄卓驹[91]（2021 年）分析了数学模型、计算长度、初始缺陷及设计方法等几个实际工程钢结构稳定设计常见问题，对具有异形截面、复杂形态的结构体系钢结构稳定设计提出了一些建议。周佳[92]（2022 年）详细介绍了钢结构稳定验算的实质和注意事项，并结合钢结构稳定验算的实质，探讨了抗震构件和非抗震构件的容许长细比，给出了不同剩余抗弯能力以下的框架柱轴压比和长细比限值，以及非抗震构件的容许长细比建议。

1.3.3 小结

从 20 世纪至今，众多学者对钢结构稳定的问题进行了大量的研究。概括国内外的研究现状，目前杆件层次弹性稳定理论较为成熟，对于整体结构层次稳定问题，主要集中在建立适用广泛的数值分析方法和有限元法应用求解。尽管钢结构稳定问题已形成了较为全面的分析方法，但仍然存在以下不足：

①我国《钢结构设计标准》给出了一些框架柱计算长度系数的计算公式和计算表格，但这些表格只适用于无支撑自由侧移和强支撑无侧移的框架柱，而介于两者之间的弱支撑弹性侧移框架柱尚缺少对应的计算长度系数的计算公式及便于工程应用的计算图表，这是目前规范中还缺少和亟待研究和补充的内容。（第 2 章）

②现在采用有限元软件求解有侧移钢框架整体稳定的应用越来越多，由于

计算理论和方法隐含在有限元软件中,使用者接触和看到的是输入和输出部分,对软件计算内核了解不多,因此需要寻找新的方法将复杂的临界力问题转变为工程师比较熟悉的刚度问题进行求解,以便对有限元计算结果的正确性和可靠性进行检验。(第3章)

③利用传统的计算长度系数法确定有侧移钢框架稳定承载力,需要逐根计算,计算量大且无法考虑同层柱之间相互支援及层与层之间的支援作用,众多文献解析计算钢框架稳定承载力采用能量法或平衡法求解困难,需要寻找便于工程应用的简便解析算法。(第4章)

④无侧移框架失稳是框架失稳的一种形式,强支撑无侧移框架也存在同层柱之间相互支援及层与层之间的支援作用,需要探寻强支撑无侧移框架中这两种作用的支援规律,寻找能够定量计算这种支援作用的计算方法,以及便于工程应用的简便解析算法,避免传统计算长度系数法逐根构件计算的不便,为校核有限元计算无侧移框架整体稳定计算结果的可靠性提供一种解析验证手段。(第5章)

⑤支撑钢框架是钢结构工程中常用的结构形式,支撑体系常见的有交叉斜撑、单斜杆支撑、剪力墙和核心筒等。支撑钢框架结构整体稳定性计算与支撑提供刚度的强弱程度有关,需要考虑同层柱之间的相互支援和层与层之间的支援作用,还需要考虑支撑与钢框架之间的相互作用,目前规范还无法解决这些问题。支撑钢框架结构设计中总希望能有便于运用的结构临界力解析计算公式,以避免复杂的有限元整体计算,校核有限元计算结果的正确性。(第6章)

⑥规范计算长度系数法主要适用于框架柱与梁垂直的直腿框架,由于斜腿框架与直腿框架在受力上有很大的区别,斜腿框架横梁有轴力(压力),因此减小了对斜腿柱的约束(半刚性约束),而直腿框架是全刚度约束,规范中尚无求解斜腿柱临界力的相关公式或表格,因此有必要寻找求解斜腿框架整体临界力的计算方法。(第7章和第8章)

1.4　本书的研究方案

1.4.1　研究对象

本书基于临界失稳时结构抗侧刚度被荷载刚度削弱为零的基本原则，以受压柱、纯框架、支撑钢框架结构为研究对象，通过理论推导方式对杆件结构和整体结构两个层次进行分析，采用解析和数值方法分析和计算结构的临界力，探寻同层柱之间的相互支援及层与层之间的支援规律，以及支撑与钢框架之间的相互作用，寻找便于工程应用的整体结构临界力的解析计算方法。

1.4.2　研究内容

(1)确定弱支撑框架柱计算长度系数的图算法

《钢结构设计标准》给出了强支撑无侧移框架柱和无支撑自由侧移框架柱计算长度系数的计算表格，而对于介于这两者之间的弱支撑弹性侧移的框架柱，目前规范尚缺少相应的计算公式和表格。对此，本书基于弹簧-摇摆柱模型建立了弱支撑弹性侧移框架柱的扩展结构，通过临界刚度比系数实现了扩展结构的临界力与原结构的临界力之间的转换，将求解框架柱计算长度系数的复杂二阶问题转化为计算压杆抗侧刚度的简单一阶问题，获得了一种确定弱支撑受压柱计算长度系数的实用算法并提供了相应的诺模图，有效地补充了《钢结构设计标准》附录 E 框架柱计算长度系数缺少的弱支撑框架柱计算长度系数的内容。另外，求得的无侧移框架柱计算稳定性的侧移临界刚度具有一定物理意义，此刚度可作为计算框架柱二阶效应时选择按照 $P-\Delta$ 效应还是 $P-\delta$ 效应分析的判别标准。

(2)基于轴力权重的有侧移纯框架整体稳定的解析算法

规范计算长度系数法逐个构件验算确定框架整体稳定，且无法考虑同层柱之间的相互支援以及层与层的支援作用，本书基于弹簧-摇摆柱模型阐述了有侧移框架结构失稳的物理意义，通过结构转换的概念，首先利用框架重复单元求解楼层抗侧刚度及利用临界刚度比系数求解楼层荷载刚度，然后将楼层抗侧刚度和荷载刚度进行整体组装，将求解框架整体稳定临界承载力的二阶计算转化为确定框架整体抗侧刚度的一阶问题，最后基于轴力权重加权平均的方法考虑楼层刚度激活程度，获得了可直接计算框架临界承载力的计算公式。该公式能够判断结构的薄弱层，可以定量地计算楼层之间的相互支援程度。

(3)基于轴力面积比法计算有侧移纯框架整体稳定的解析算法

本书从受压柱刚度激活程度出发，研究了轴力面积大小对非规则双层双柱式框架体系临界力的影响，找到了一些规律，建立了相应的双柱式框架临界承载力的计算方法，这样使得双柱式框架临界力的求解大为简化。本书推导了双柱式框架结构临界力的计算公式，这些公式能考虑层间支援的影响，弥补了规范计算长度系数法的不足，为钢结构工程设计提供了快速计算的方法和公式，研究成果也可以用于高墩桥梁工程整体稳定性计算，可以考虑柱墩之间系梁作用的影响。

(4)强支撑无侧移框架整体稳定的解析算法

本书首先探寻了无侧移框架同层柱之间支援及层与层之间的支援规律，利用弹簧-摇摆柱模型采用结构转换的方法推导了无侧移框架柱临界刚度比系数，接着利用该系数通过分析无侧移框架特征结构单元确定结构层荷载因子，然后确定表征无侧移框架楼层刚度富余程度的层刚度富余系数和表征层间支援作用的层支援系数，最后基于轴力权重加权平均的方法推导了可直接计算无侧移框架整体稳定承载力的计算公式。该公式能够定量地计算无侧移框架楼层之间的相互支援程度，避免了计算长度系数法可能因无法考虑两种支援作用造成的不合理设计。

(5)支撑钢框架整体稳定承载力的解析算法

支撑钢框架的支撑体系包括交叉斜撑、单斜撑、剪力墙和核心筒等。实际工程中,支撑钢框架支撑体系提供的刚度往往无法达到强支撑刚度的要求,支撑钢框架整体稳定计算需考虑钢框架与剪切型支撑之间的相互作用,还需要考虑同层柱之间的相互支援及层与层之间的支援作用,规范计算长度系数法求解支撑钢框架整体稳定无法考虑这些因素可能会造成不合理设计。本书提出了一种计算支撑钢框架整体稳定性的解析算法,首先分析了支撑刚度与结构临界承载力之间的关系,推导了层临界支撑刚度计算公式,接着利用弹簧-摇摆柱力学模型推导了任意支撑下框架柱临界刚度比系数计算公式,然后将各楼层的有效抗侧刚度及荷载刚度进行楼层间的组装,将求解支撑钢框架的临界承载力转化为求解结构的楼层有效抗侧刚度,最后基于轴力权重加权平均的方法推导了可直接求解支撑钢框架临界承载力的计算公式。该公式能够判断结构的薄弱层,可以定量地计算楼层之间的相互支援程度,有效地弥补规范尚无法求解弱支撑钢框架柱计算长度系数的不足。

(6)斜腿钢框架整体稳定承载力的解析算法

本书根据约束情况分别推导了斜腿框架的铰接和固结两种失稳模式的临界荷载方程,利用临界荷载方程,绘制了计算长度系数与各个参数之间的诺模图。通过诺模图可以明显地看到计算长度系数与斜腿的角度、刚度比和长度比之间的内在联系,并且把这些数据结果与有限元分析的结果进行了比较,验证利用临界荷载方程所给出的诺模图求解斜腿框架稳定的可靠性和准确性。

(7)带伸臂斜腿框架整体稳定承载力的解析算法

本书还分析了斜腿框架的衍生结构——带伸臂的斜腿框架(在斜腿框架的两侧各加上一个伸臂)。这种斜腿结构在结构工程中也是使用非常广泛的一种结构,利用了二阶位移法来求得斜腿钢构的屈曲超越方程,然后绘制了可以供直接使用的图表,还分析了相关的参数变化的趋势,并且把这些数据结果与有限元分析的结果进行了比较,验证利用临界荷载方程所给出的诺模图求解带伸臂的斜腿框架稳定的可靠性和准确性。

1.4.3　研究方法

本书的研究方案体系如图 1.11 所示：

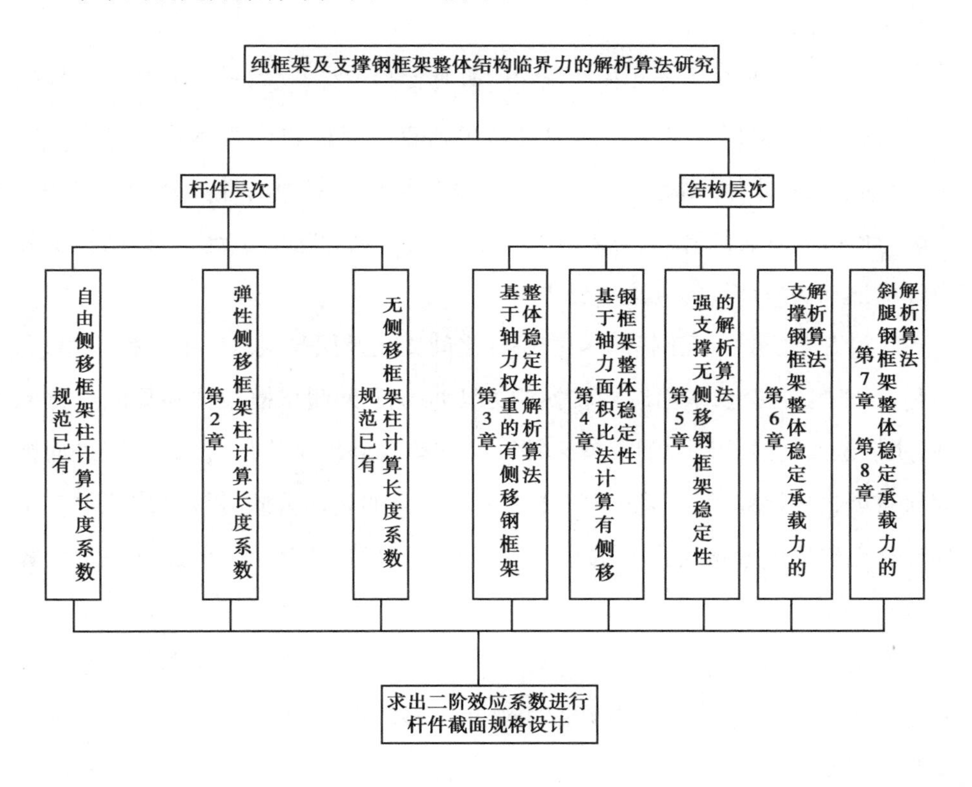

图 1.11　研究方案体系

为了完成纯框架及支撑钢框架整体结构临界力的计算和设计，本书考虑从杆件层次和结构层次进行考虑：

①第 2 章确定弱支撑框架柱计算长度系数的图算法，从杆件层次出发，构建了弹簧-摇摆柱的基本计算模型，利用临界稳定状态时框架柱抗侧刚度被荷载刚度削弱为零这一原则，获得可确定弱支撑弹性侧移框架柱计算长度系数的计算公式和诺模图。

②第 3 章确定有侧移钢框架整体稳定承载力，将杆件层次利用临界稳定状

态时框架柱抗侧刚度被荷载刚度削弱为零这一原则通过结构转换的方法扩展运用到有侧移钢框架结构，将求解有侧移钢框架整体稳定临界承载力的二阶计算转化为确定框架整体抗侧刚度的一阶问题，获得了可直接计算有侧移钢框架临界承载力的计算公式。

③第 4 章采用轴力面积比法确定有侧移框架整体稳定承载力，从受压柱刚度激活程度出发，研究了轴力面积对非规则双层双柱式框架体系临界力的影响，找到了一些规律，据此推导了双柱式框架结构临界力的计算公式。这些公式能考虑层间支援的影响，弥补了规范计算长度系数法的不足，为钢结构工程设计提供了快速计算的方法和公式。

④第 5 章探寻了无侧移框架同层柱之间支援及层与层之间的支援规律，利用弹簧-摇摆柱模型，采用结构转换的方法推导了无侧移框架柱临界刚度比系数，用该系数通过分析无侧移框架特征结构单元确定结构层荷载因子，进而推导获得可直接计算无侧移框架整体稳定承载力的计算公式。该公式能够定量地计算无侧移框架楼层之间的相互支援程度，为工程设计人员提供一种手算工具。

⑤第 6 章确定支撑钢框架整体稳定承载力，分析了支撑刚度与结构临界承载力之间的关系，推导了层临界支撑刚度计算公式，将求解支撑钢框架的临界承载力转化为求解结构的楼层有效抗侧刚度，据此推导获得求解支撑钢框架临界承载力的计算公式，工程应用方便。该公式能够判断结构的薄弱层，可以定量地计算楼层之间的相互支援程度。

⑥第 7 章、第 8 章确定斜腿钢框架整体稳定承载力，推导了斜腿框架的铰接和固接两种失稳模式的临界荷载方程，利用临界荷载方程，绘制了计算长度系数与各个参数之间的诺模图，分析了一种广泛应用的带伸臂的斜腿框架，研究了相关的参数变化的趋势，为解析计算斜腿钢框架整体稳定承载力提供了一种实用算法。

在计算方法的验证方面，本书在研究过程中主要采用以下两种方法进行计算：

①有限元软件 ANSYS 数值计算验证；

②与现有的规范方法计算结果进行对比验证。

本章参考文献

[1] 张文福. 钢结构平面内稳定理论[M]. 武汉:武汉理工大学出版社, 2018.

[2] VLASOV V Z. Thin-walled elastic beams[M]. Jerusalem: Israel Program for Scientific Translations,1961.

[3] 陈绍蕃. 钢结构稳定设计指南[M]. 北京:中国建筑工业出版社,1996.

[4] 柏拉希. 金属结构的屈曲强度[M]. 同济大学钢木结构教研室,译. 北京:科学出版社,1965.

[5] 钱冬生. 钢压杆的承载力[M]. 北京:人民铁道出版社,1980.

[6] 邢国然. 纯框架和支撑框架弹塑性稳定分析[C]. 浙江大学,2007.

[7] 童根树. 钢结构的平面内稳定[M]. 北京:中国建筑工业出版社,2005.

[8] 吕烈武. 钢结构构件稳定理论[M]. 北京:中国建筑工业出版社,1983.

[9] 中华人民共和国住房和城乡建设部. 钢结构设计标准(GB 50017—2017)[S]. 北京: 中国建筑工业出版社,2018.

[10] 陈骥. 钢结构稳定理论与设计[M]. 北京: 科学出版社,2001.

[11] 王仕统. 结构稳定[M]. 广州: 华南理工大学出版社,1997.

[12] 张耀先. 钢结构设计原理[M]. 北京: 高等教育出版社,2020.

[13] 铁木辛柯,盖莱. 弹性稳定理论[M]. 2 版. 张福范,译. 北京:科学出版社,1956.

[14] 罗定安. 工程结构数值分析方法与程序设计[M]. 天津: 天津大学出版社, 1995.

[15] 沈蒲生. 结构分析的计算机方法[M]. 2 版. 长沙: 湖南科学技术出版

社, 1994.

[16] 中华人民共和国住房和城乡建设部. 高层建筑混凝土结构技术规程(JGJ 3—2010)[S]. 北京: 中国建筑工业出版社, 2011.

[17] 中华人民共和国住房和城乡建设部. 高层民用建筑钢结构技术规程(JGJ 99—2015)[S]. 北京: 中国建筑工业出版社, 2016.

[18] BLEICH F. Buckling strength of Metal Structures [M]. McGraw-Hill, NewYork, 1952.

[19] OJALVO M, FUKUMOTO Y. Nomographs for the solution of Beam-Column Problems [M]. New York: Welding Research Council bulletin, No. 78, 1962.

[20] YURA J A. The effective length of columns in unbraced frames [J]. Engineering Journal, 1971, 8(2): 37-42.

[21] YURA J A. Discussion of the effective length of columns in unbraced frames [J]. Engineering Journal, AISC, 1972.

[22] ROSMAN R. Stability and dynamics of shear-wall frame structures [J]. Building Science, vol. 9, 1974:55-63.

[23] LEMESSURIER W. J. A practical method of second-order analysis. Part 1: rigid frames [J]. Engineering Journal, AISC, 1976, 13(4):89-96.

[24] LEMESSURIER W. J. A practical method of second-order analysis. Part 2: pin jointed systemes [J]. Engineering Journal, AISC, 1977, 14(2):49-97.

[25] BRIDGE R. Q, FRASER D. J. Improved G-factor for evaluating effective length of columns [J]. Journal of Structural Engineering, ASCE, 1986, 113(6): 1342-1356.

[26] BRIDGE R. Q, CLARKE M. J, etc. Effective Length and Notional Load Approach for assessing Frame Stability [R]: Implication for American Steel Design. Task Committee on Effective Length ASCE, NewYork, 1997.

[27] DUAN L., CHEN W. F. Effective length factor for columns in braced frames

[J]. Journal of Structural Engineering, ASCE, 1988, 114(10): 2357-2370.

[28] DUAN L., CHEN W. F. Effective length factor for columns in unbraced flames [J]. Journal of Structural Engineering, ASCE, 1989, 115(1): 149-165.

[29] LEE S. L, BASU P. K. Bracing requirements of plane frames[J]. Journal of the Structural Engineering, ASCE, 1992; 118(6): 1527-1546.

[30] HELLESLAND J., BJORHOVDE R. Restraint demand factors end effective lengths of braced columns [J]. Journal of Structural Engineering, ASCE, 1996, 122(10): 1216-1224.

[31] HELLESLAND J., BJORHOVDE R. Improved frame stability analysis with effective lengths [J]. Journal of Structural Engineering, ASCE, 1997, 122 (11): 1275-1283.

[32] CLARKE M J, BRIDGE R Q. Application of the notional load approach to the design of multistory steel frames [C]. Proceeding 1995 Annual technical Session SSRC, 1997: 191-211.

[33] WHITE D. W., HAJJAR J. F. Accuracy and simplicity of alternative procedures for stability design of steel frames [J]. Journal of Constructional Steel Research, 1997, 42(3): 209-263.

[34] WHITE D. W., CLARKE M. J. Design of beam-columns in steel frames, I: Philosophies and procedures[J]. Journal of Structural Engineering, 1997, 123 (12): 1556-1564.

[35] WHITE D. W., CLARKE M. J. Design of beam-columns in steel frames, II: Philosophies and procedures[J]. Journal of Structural Engineering, 1997, 123 (12): 1565-1575.

[36] ARISTIZABAL-OCHOA J. D. Story stability of braced, partially braced, and unbraced frames: classical approach [J]. Journal of Structural Engineering, ASCE, 1997, 123(6): 799-807.

[37] ARISTIZABAL-OCHOA J. D. Elastic stability of beam columns with flexural connections under various conservative ends axial forces [J]. Journal of Structural Engineering, ASCE, 1997, 123(9): 1499-1200.

[38] LOKKAS P, CROLL J. GA. Theory of combined sway and non-sway frames bucking [J]. Journal of Engineering Mechanics, ASCE, 2000, 126(1): 84-92.

[39] KIM JINKEUN, LEE SANGSOON. The behavior of reinforced concrete columns subjected to axial force and biaxial bending [J]. Engineering Structures, 2000, 22(11): 1518-1528.

[40] KWAK H G, KIM J K. Nonlinear behavior of slender RC columns (2) Introduction of design formula [J]. Construction and Building Materials, 2006, 20(8): 538-553.

[41] A. WEBBER, J. J. ORR, P. SHEPHERD, et al. The effective length of columns in multi-storey frames [J]. Engineering structures, 2015, 39 (7): 132-143.

[42] KALA ZDENEK. Global Sensitivity Analysis in Stability Problems of Steel Frame Structures [J]. Journal of civil engineering and management, 2016, 22(3): 417-424.

[43] CORIC S, BRCIC S. Nonlinear stability analysis of the frame structures[J]. Gradjev-inski materijali i konstrukcije, 2016, 59(3): 27-44.

[44] PIMENTEL R J A G, SIMOES R A D. Stability of struts and frames: background and design methods according to Eurocode 3 [J]. Ce/papers, 2020, 3(5): 382-393.

[45] QUAN C, WALPORT F, GARDNER L. Equivalent imperfections for the out-of-plane stability design of steel beams by second-order inelastic analysis[J]. Engineering structures, 2022: 251-275.

[46] 钱冬生. 钢压杆的验算是怎样用压溃理论代替压屈理论的[J]. 桥梁建

设, 1974,4(3):44-57.
[47] 钱冬生. 关于钢工形梁及压挠杆的总体稳定验算[J]. 桥梁建设,1975,5(增刊1):41-63.
[48] 钱冬生. 西欧在钢结构设计方面的主要情况[J]. 国外桥梁,1981,9(2):46-56.
[49] 陈绍蕃. 工字形截面钢偏心压杆有塑性区时的弯扭屈曲[J]. 西安建筑科技大学学报(自然科学版),1979,11(4):1-9.
[50] 陈绍蕃. 偏心压杆在弯矩作用平面外稳定计算的相关公式[J]. 西安建筑科技大学学报(自然科学版),1981,13(1):1-12.
[51] 陈绍蕃. 钢结构稳定设计的几个基本概念[J]. 建筑结构,1994,24(6):3-8.
[52] 陈绍蕃. 两种压杆计算长度的讨论[J]. 钢结构,2004,19(1):38-40.
[53] 陈绍蕃,吴博. 拉-压杆件的稳定承载能力[J]. 建筑钢结构进展,2007,9(1):41-45.
[54] 陈绍蕃. 单角钢轴压杆件弹性和非弹性稳定承载力[J]. 建筑结构学报,2012,33(10):134-141.
[55] 陈骥. 单层厂房框架阶形柱计算长度系数[J]. 西安建筑科技大学学报(自然科学版), 1992, 24(1):1-8.
[56] 陈骥. 单轴对称截面轴心受压构件的弯扭屈曲设计问题[J]. 钢结构,1999,14(4):49-52.
[57] 陈骥. 美国国家标准建筑钢结构规范中轴心受压柱、受弯和压弯构件的稳定设计[J]. 建筑钢结构进展,2007,9(3):41-49.
[58] 陈骥. 各国钢结构设计规范中受弯构件稳定设计的比较[J]. 工业建筑,2009, 39(6):5-12.
[59] 舒兴平,沈蒲生. 平面钢框架结构的几何与材料非线性分析[J]. 湖南大学学报(自然科学版),1993,20(4):97-103.

[60] 舒兴平,沈蒲生. 空间钢框架结构的非线性全过程分析[J]. 工程力学,1997, 14(3): 36-45.

[61] 舒兴平,尚守平. 平面钢框架结构二阶弹塑性分析[J]. 钢结构,2000,15(1): 24-27.

[62] 朱伯龙,董振祥. 钢筋混凝土非线性分析[M]. 上海:同济大学出版社, 1985.

[63] 朱伯龙,吴明舜. 钢筋混凝土偏心受压构件的非线性分析[J]. 同济大学学报, 1979,7(5): 87-101.

[64] 朱伯龙,余安东. 钢筋混凝土框架非线性全过程分析[J]. 同济大学学报,1983,11(3): 24-33.

[65] 饶芝英,童根树. 钢结构稳定性的新诠释[J]. 建筑结构,2002, 32(5): 12-14.

[66] 童根树,罗澎. 压杆轴力的等效抗折负刚度[J]. 工程力学,2010,27(8): 66-71.

[67] 童根树,金阳. 框架柱计算长度系数法和二阶分析设计法的比较[J]. 钢结构,2005,20(2):8-11,40.

[68] 吴惠弼. 框架柱的计算长度系数[R]. 钢结构研究论文报告选集(第一册). 全国钢结构标准技术委员会,1982.

[69] 梁启智,谢理. 框-剪结构的二阶分析[J]. 建筑结构学报,1986,7(5): 1-8.

[70] 周绥平,陈惠发. 支撑钢框架设计公式的讨论[J]. 重庆交通学院学报. 1989,8(3):1-9.

[71] 梁启智. 高层建筑结构与设计[M]. 广州:华南理工大学出版社,1992.

[72] 包世华,张亿果. 变截面高层建筑结构考虑楼板变形时的整体稳定分析[J]. 土木工程学报,1992. 25(4).

[73] 包世华. 新编高层建筑结构[M]. 3 版. 北京:中国水利水电出版社,2013.

[74] 沈祖炎,沈勤斋. 高层有支撑钢框架二阶弹塑性分析的改进 P-A 法[J]. 同

济大学学报,1995,23(1):8-14.

[75] 沈祖炎,李国强. 钢框架受风与地震作用的统一非线性矩阵分析理论[J]. 同济大学学报,1994,22(4):401-408.

[76] 徐伟良,吴惠弼. 钢框架二阶弹塑性分析的简化塑性区法[J]. 重庆建筑工程学院学报,1994,16(2):74-80.

[77] 郑廷银,赵惠麟. 高层建筑支撑钢框架结构二阶位移的实用计算[J]. 东南大学学报(自然科学版),2000,30(4):43-47.

[78] 周强,吕西林. 平面钢框架弹塑性大变形简化分析方法[J]. 同济大学学报(自然科学版),2000,28(4):388-392.

[79] 崔晓强,童根树. 柔性连接的弱支撑框架结构的稳定性[J]. 建筑结构学报,2001,22(1):58-61,75.

[80] 陈红英,童根树. 弯曲型支撑框架的弹性稳定分析[J]. 土木工程学报,2001,34(6):17-22.

[81] 季渊,童根树,施祖元. 弯曲型支撑框架结构的临界荷载与临界支撑刚度研究[J]. 浙江大学学报(工学版). 2002,36(5):559-564.

[82] 季渊. 多高层框架—支撑结构的弹塑性稳定性分析及其支撑研究[C]. 浙江大学,2003.

[83] 郝仕玲,陈瑞金. 框架支撑类型判别中的若干问题[J]. 工业建筑,2003,33(5):13-15,19.

[84] 童根树. 钢结构的平面内稳定[M]. 北京:中国建筑工业出版社,2005.

[85] 胡进秀. 框架-弯曲型支撑体系中框架柱的弯矩放大系数及整体弹性稳定[D]. 杭州:浙江大学,2006.

[86] 高宇. 双重弯剪型抗侧力体系的相互作用[C]. 杭州:浙江大学,2006.

[87] 郝际平,田炜烽,王先铁. 多层有侧移框架整体稳定的简便计算方法[J]. 建筑结构学报,2011,32(11):183-188.

[88] 耿旭阳, 周东华, 陈旭, 等. 确定受压柱计算长度的通用图表[J]. 工程力学,2014,31(8):154-160,174.

[89] QUANWANG LI, AMING ZHOU, HAO ZHANG. A simplified method for stability analysis of multi-story frames considering vertical interactions between stories[J]. Advances in Structural Engineering,2016,19(4):599-610.

[90] 金波. 高层建筑钢结构的整体稳定验算[J]. 建筑结构,2018,48(S2):482-485.

[91] 黄卓驹,项圣懿,王松林,等. 关于杆系钢结构稳定设计的若干问题讨论[J]. 建筑结构,2021,51(S1):1474-1478.

[92] 周佳,童根树,李常虹,等.《钢结构与钢-混凝土组合结构设计方法》的理解与应用——稳定和长细比[J]. 建筑结构,2022,52(24):144-147.

第 2 章　弱支撑框架柱计算长度系数的图算法

无论是在房屋建筑还是桥梁工程中,框架柱的稳定和二阶效应都是工程中不能忽视的问题,必须加以重视和研究。二阶 $P-\Delta$ 效应可按照近似的二阶理论对一阶弯矩进行放大来考虑,杆件的弯矩增大系数需要借助于二阶效应系数进行计算。一般结构的二阶效应系数计算需要借助于整体结构最低阶弹性临界荷载与荷载设计值的比值。要解决框架柱的稳定问题,最有效的方法是求解出框架柱临界荷载,使得柱实际承受的荷载低于临界荷载,确定框架柱的稳定问题的本质就是确定柱计算长度系数。我国的《钢结构设计标准》[1] 给出了确定强支撑无侧移和无支撑自由侧移框架柱的计算长度系数表格,尚缺少介于这两种侧移类型之间的弱支撑弹性侧移框架柱计算长度系数的计算公式和表格。《钢结构设计标准》虽然给出了计算 $P-\Delta$ 效应和 $P-\delta$ 效应的计算方法,即二阶位移增量不大于 10% 的一阶位移,但这一标准在实际操作上有难度。因为位移是未知量,实际工程中求解结构位移需要借助于有限元软件,工程应用多有不便,尚需寻找更简单实用的判别标准。

2.1 弹簧-摇摆柱模型

2.1.1 弹簧-摇摆柱模型临界状态方程

单独的摇摆柱自身是不稳定的,也是无法承载的,只有依附在稳定结构[也称为主结构,如图2.1(b)所示的悬臂柱]上,靠主结构提供刚度支持进行承载。本书将“主结构+摇摆柱”称为扩展结构,如图2.1(c)所示。主结构的侧移刚度可用一弹簧来表示,称为弹簧-摇摆柱模型[2],如图2.1(a)所示。

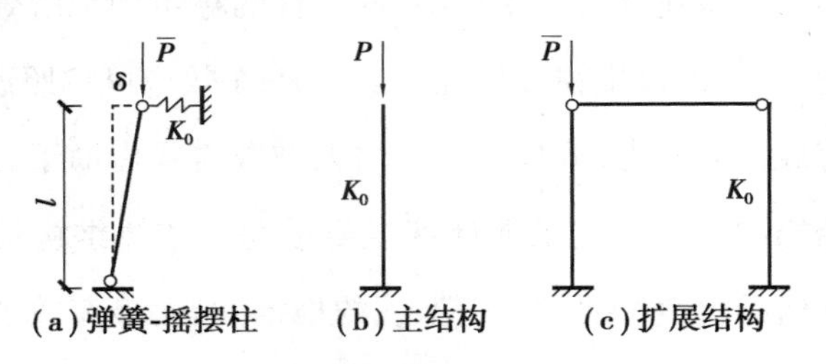

图2.1 弹簧-摇摆柱模型

图2.1(a)所示的弹簧-摇摆柱模型中,弹簧刚度为K_0,即为主结构的抗侧刚度,荷载$\overline{P}$施加在摇摆柱柱顶,产生侧移δ,对下端取矩:$\overline{P}\delta-K_0\delta\cdot l=0$,由该平衡方程可以求得弹簧-摇摆柱的临界方程:

$$K_0-\frac{\overline{P}_{cr}}{l}=0 \tag{2.1}$$

式(2.1)的物理意义为荷载刚度对弹簧刚度的削弱程度,当结构处于临界平衡状态时,弹簧刚度被荷载刚度削弱至零而失稳。用主结构的临界力P_{cr}来表示扩展结构临界力$\overline{P}_{cr}$,存在:$\overline{P}_{cr}=\frac{\overline{P}_{cr}}{P_{cr}}\frac{P_{cr}}{P}P=\alpha\lambda P$。由此还可以看出,$\overline{P}_{cr}/l=\alpha\lambda P/l$,$P/l$与$K_0$量纲相同且与施加荷载有关,故称为荷载刚度,用$K_P$表示。当

主结构施加荷载 P 等于临界荷载 P_{cr} 时,对应的荷载刚度 P_{cr}/l 称为临界荷载刚度,用 $K_{P_{cr}}$ 表示。因此,临界平衡方程式(2.1)可用结构抗侧刚度与荷载刚度来表达:

$$K_0-\alpha K_{P_{cr}}=K_0-\alpha\lambda\frac{P}{l}=0 \tag{2.2}$$

式中　α——临界刚度比系数,即为 $K_0/K_{P_{cr}}$,计算值等于 $\overline{P}_{cr}/P_{cr}$,图 2.1(a)所示的弹簧-摇摆柱模型中 $\alpha=1.0$;

λ——结构的临界因子,数值上 $\lambda=P_{cr}/P$,当结构处于临界状态时 $\lambda=1.0$。

式(2.2)的物理意义为荷载刚度对主结构抗侧刚度的削弱程度,当达到临界状态时,结构抗侧刚度被削弱为零。对于图 2.1(c)所示的悬臂柱的扩展结构,$\alpha=\frac{\overline{P}_{cr}}{P_{cr}}=(3EI/l^2)/(\pi^2EI/4l^2)=\frac{12}{\pi^2}=1.216$。

式(2.2)将扩展结构上建立的临界方程用主结构的刚度和临界力进行表达,建立了主结构的临界力与刚度间的联系,实现了扩展结构的临界力与主结构的临界力之间的转换。由于扩展结构临界力的求解属于简单的线性数学运算,这种转换能将求解主结构临界力的复杂二阶问题转化为求解一阶抗侧刚度,使得求解大大简化。临界刚度比系数 α 作为实现扩展结构的临界力与主结构的临界力之间的转换桥梁,是不难求出的。

2.1.2　框架柱侧移类型

计算长度系数法的精度取决于受压柱分离过程中边界条件的选取,分离时除要考虑结构的侧向变形(有侧移和无侧移),还要考虑与该柱相连的约束情况,分离柱的两端可能还带有不同的约束。为了更接近从整体结构中分离框架柱的约束情况,将图 2.1(a)中的弹簧用更一般约束情况的分离框架柱替换,结构中绝大部分的柱端约束都可用 3 个或 2 个弹簧模拟。如图 2.2 所示,受压柱的柱端带有 3 个弹簧,其转动刚度和侧移刚度分别用 c_1、c_2 和 c_w 表示[3]。

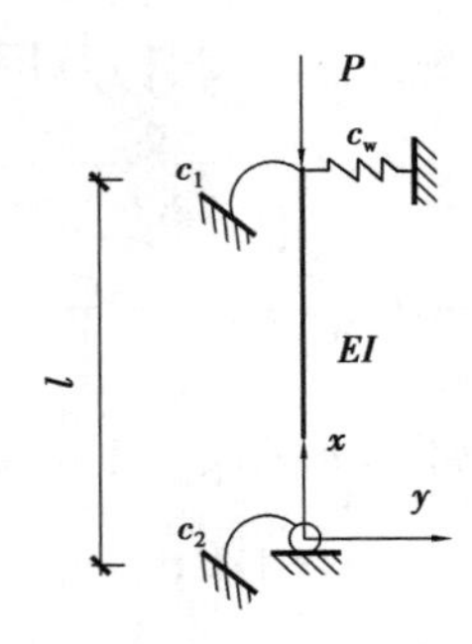

图 2.2　三弹簧约束分离框架柱计算简图

该柱的平衡微分方程属于经典压杆平衡微分方程,可写为

$$y''''+\frac{u^2}{l^2}y''=0 \tag{2.3}$$

式中,$u=l\sqrt{\frac{P}{EI}}$,是柱的无量纲特征系数。

方程(2.3)的通解为

$$y=A\sin\frac{u\cdot x}{l}+B\cos\frac{u\cdot x}{l}+Cx+D \tag{2.4}$$

存在如下边界条件:

$$x=0,y=0,EIy''-c_2y'=0$$

$$x=l,EIy''+c_1y'=0,EIy'''+Py'-c_wy=0$$

式中,c_1、c_2 和 c_w 均为弹簧刚度。为了更具有代表性和通用性,引入相对刚度,定义 $R_1=c_1/6i_c$,$R_2=c_2/6i_c$,$\bar{c}_w=c_wl^2/i_c$,i_c 为柱的线刚度。由第一个边界条件得到:$D=-B$,由此可以消掉一个未知量,将前述边界条件代入式(2.4)可得:

$$\begin{vmatrix} -6R_1u & -u^2 & -6R_1 \\ 6R_2\cos u-u\sin u & -u\cos u-6R_2\sin u & \frac{6R_2}{u} \\ -\bar{c}_w\sin u & \bar{c}_w(1-\cos u) & u^2-\bar{c}_w \end{vmatrix}\cdot\begin{Bmatrix} A \\ B \\ C \end{Bmatrix}=\begin{Bmatrix} 0 \\ 0 \\ 0 \end{Bmatrix} \tag{2.5}$$

当系数 A、B、C 全为 0 时，可满足方程(2.5)，此时是失稳前的平衡状态，即受压柱未发生侧移。因此需要寻找失稳后的平衡模态，要满足这个条件，需要使方程(2.5)的系数行列式等于 0，由此可得三弹簧分离框架柱的稳定特征方程[4]：

$$36\bar{c}_w R_1 R_2(2-2\cos u-u\sin u)+6\bar{c}_w(R_1+R_2)\cdot u(\sin u-u\cos u)+$$
$$(\bar{c}_w+36R_1R_2)u^3\sin u+6(R_1+R_2)u^4\cos u-u^5\sin u=0 \qquad (2.6)$$

该特征方程包含了几乎所有柱的边界约束情况，通过变化 R_1、R_2 和 $\bar{c}_w$ 的取值，可以实现各种不同的边界约束条件的模拟。

通过变化相对刚度 R_1、R_2 的取值，可以模拟杆端不同的约束：

①$R_1=0$ 或 $R_2=0$，表示柱端约束条件为铰接约束；

②$R_1=\infty$ 或 $R_2=\infty$，表示柱端约束条件为固定端约束。

通过变化 $\bar{c}_w$ 的取值，可以模拟不同侧移类型框架柱：

①当 $\bar{c}_w=\infty$ 时，为强支撑无侧移的框架柱；

②当 $\bar{c}_w=0$ 时，为无支撑自由侧移的框架柱；

③当 $0<\bar{c}_w<\infty$ 时，为弹性支撑有弹性侧移的框架柱。

对于强支撑无侧移的框架柱，此时水平弹簧相对刚度 $\bar{c}_w=\infty$，将它代入稳定特征方程(2.6)，可以得到强支撑无侧移的框架柱稳定特征方程：

$$6R_1R_2(2-2\cos u-u\sin u)\sin u+(R_1+R_2)\cdot u(\sin u-u\cos u)+\frac{1}{6}u^3\sin u=0 \qquad (2.7)$$

式中，$u=h\sqrt{\dfrac{P}{EI}}=\dfrac{\pi}{\mu}$，称为无侧移框架柱的特征系数，该系数体现了承载力与转动弹簧刚度的关联性，μ 为无侧移框架分离柱的计算长度系数。

对于无支撑自由侧移的框架柱，此时水平弹簧相对刚度 $\bar{c}_w=0$，将它代入稳定特征方程(2.6)，可以得到无支撑自由侧移的框架柱稳定特征方程：

$$(36R_1R_2-u^2)\sin u+6(R_1+R_2)u\cos u=0 \tag{2.8}$$

式中，$u=h\sqrt{\dfrac{P}{EI}}=\dfrac{\pi}{\mu}$，称为无支撑自由侧移框架柱的特征系数，该系数体现了承载力与转动弹簧刚度的关联性，μ 为无支撑自由侧移框架的计算长度系数。

稳定特征方程(2.7)和(2.8)属于双变量超越方程，《钢结构设计标准》给出了无支撑自由侧移的框架柱和强支撑无侧移的框架柱计算表格。对于弹性侧移框架柱，稳定特征方程(2.6)属于多变量的超越方程，直接求解柱的计算长度系数是十分困难的。因此，有必要寻找确定受压柱计算长度系数的简便算法。

2.2　弱支撑框架柱计算长度系数

在实际工程中，侧向支撑刚度 $\bar{c}_w$ 并不能达到无穷大，通常都介于自由侧移和无侧移框架柱之间，称为弹性侧移框架柱。弹性侧移框架柱的侧向支撑刚度的取值范围是 $0<\bar{c}_w<\infty$。为了更方便地求解弹性侧移框架柱计算长度系数，可将图 2.1(a)所示的弹簧-摇摆柱模型中的弹簧用图 2.2 所示的弹性侧移框架柱替换，从而得到弹性侧移框架柱的扩展结构，如图 2.3(a)所示。

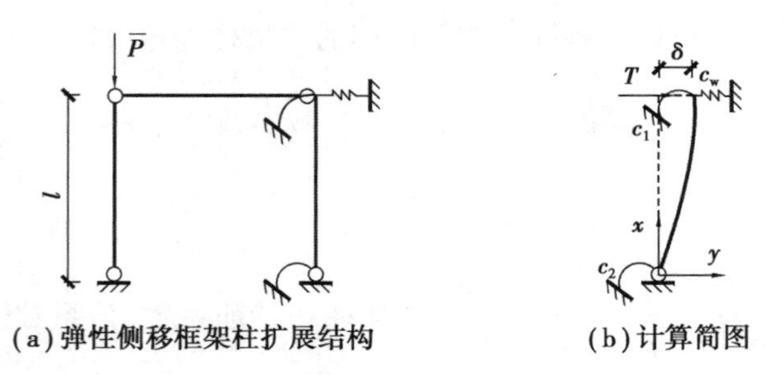

图 2.3　弹性侧移框架柱的计算模型

2.2.1　弱支撑框架柱临界刚度比系数

如图 2.3(a)所示,在摇摆柱柱顶作用荷载 $\overline{P}$,柱顶产生侧移 δ,相当于在柱顶施加一假想水平力 $T=\overline{P}\delta/l$[图 2.3(b)]。根据力的平衡条件,可以得到以下两个平衡表达式:

$$\begin{aligned} &\sum F_{\mathrm{X}}=0, f_{A\mathrm{x}}=0 \\ &\sum F_{\mathrm{Y}}=0, f_{A\mathrm{y}}=c_{\mathrm{w}}\delta-T \end{aligned} \tag{2.9}$$

将杆件从任意截面 $m-n$ 截开,取下段为研究对象,对 $m-n$ 截面取弯矩平衡得:

$$f_{A\mathrm{x}}y-f_{A\mathrm{y}}x-M_{\mathrm{mn}}-c_2y_0'=0 \tag{2.10}$$

式中:$M_{\mathrm{mn}}=-EIy''$

由式(2.9)和式(2.10)可求解平衡微分方程得:

$$EIy''-(c_{\mathrm{w}}-P/l)\delta x-c_2y_0'=0 \tag{2.11}$$

方程(2.11)的通解为

$$y=\frac{c_{\mathrm{w}}-P/l}{6EI}\delta x^3+\frac{c_2y_0'}{2EI}x^2+Ax+B \tag{2.12}$$

存在如下边界条件:

$$x=0, y=0$$

$$x=l, EIy''+c_1y'=0, y=\delta$$

根据前述边界条件及式(2.12),可求得弹性侧移框架柱的扩展结构临界力[5]:

$$\overline{P}_{\mathrm{cr}}=\frac{EI}{l^2}\left[\frac{6(R_1+R_2)+36R_1R_2}{1+2(R_1+R_2)+3R_1R_2}+\overline{c}_{\mathrm{w}}\right] \tag{2.13}$$

式中,R_1 和 R_2 分别为框架柱上、下端横梁线刚度之和与框架柱线刚度之比。

由式(2.13)可求得弹性侧移框架柱抗侧刚度为

$$K_0=\frac{\overline{P}_{cr}}{l}=\frac{EI}{l^3}\left[\frac{6(R_1+R_2)+36R_1R_2}{1+2(R_1+R_2)+3R_1R_2}+\overline{c}_w\right] \tag{2.14}$$

实际工程中,支撑侧移弹簧相对刚度 $\overline{c}_w$ 并不能实现无穷大,当上、下端梁柱线刚度比 R_1 和 R_2 给定时,随着支撑刚度 $\overline{c}_w$ 从 0 递增,框架柱临界荷载逐渐增加,柱的计算长度系数从 μ 逐渐减小;当 $\overline{c}_w$ 增加到一个定值,由式(2.8)确定的自由侧移框架柱临界荷载大于由式(2.7)确定的无侧移框架柱临界荷载时,表明柱屈曲此时由无侧移失稳控制。理论上,此时再增加 $\overline{c}_w$ 并不会导致临界荷载增加,此时柱无 $P-\Delta$ 效应,有 $P-\delta$ 效应,这个定值称为侧移临界刚度,记为 $\overline{c}_{wT}$。

$\overline{c}_{wT}$ 可由式(2.7)和式(2.8)求得相同的临界荷载时对应的支撑刚度 $\overline{c}_w$ 来确定。由式(2.7)求得无侧移受压柱无量纲特征系数,记 $u_1=l\sqrt{\frac{P_{cr1}}{EI}}$,并将其代入式(2.6)可求得 $\overline{c}_{wT}$,则有[6]

$$\overline{c}_{wT}=[u_1^5\sin u_1-6(R_1+R_2)u_1^4\cos u_1-36R_1\cdot R_2u_1^3\sin u_1]/[u_1^3\sin u_1+36R_1R_2(2-2\cos u_1-u_1\sin u_1)+6(R_1+R_2)u_1(\sin u_1-u_1\cos u_1)] \tag{2.15}$$

式中,P_{cr1} 为无侧移框架柱的临界力,可采用式(2.16)进行计算:

$$P_{cr1}=\frac{\pi^2EI}{l^3}\left[\frac{3+2(R_1+R_2)+1.28R_1R_2}{3+1.4(R_1+R_2)+0.64R_1R_2}\right]^2 \tag{2.16}$$

为了便于工程应用,对不同的 R_1 和 R_2 取值,根据式(2.15)侧移临界刚度计算值绘制成表,如表 2.1 所示:

表 2.1 临界侧移刚度表

R_2 \ R_1	0	0.1	0.2	0.3	0.4	0.5	1	2	3	5	10	20	∞
0	π^2	10.5	11.2	11.8	12.4	12.9	15.5	19.5	22.9	28.5	40.2	60.7	∞

续表

R_2 \ R_1	0	0.1	0.2	0.3	0.4	0.5	1	2	3	5	10	20	∞
0.1	10.5	9.58	9.71	10.0	10.4	10.8	12.8	15.8	18.0	21.3	26.3	31.6	46.1
0.2	11.2	9.71	9.47	9.57	9.79	10.1	11.6	14.1	15.9	18.4	21.8	24.7	30.2
0.3	11.8	10.0	9.57	9.50	9.61	9.80	11.1	13.3	14.9	17.1	19.8	21.9	25.3
0.4	12.4	10.4	9.79	9.61	9.63	9.75	10.8	12.9	14.4	16.4	18.8	20.6	23.2
0.5	12.9	10.8	10.1	9.80	9.75	9.83	10.8	12.8	14.2	16.1	18.3	20.0	22.2
1	15.5	12.8	11.6	11.1	10.8	10.8	11.4	13.2	14.6	16.5	18.6	20.1	22.0
2	19.5	15.8	14.1	13.3	12.9	12.8	22.2	15.1	16.6	18.6	21.0	22.6	24.7
3	22.9	18.0	15.9	14.9	14.4	14.2	14.6	16.6	18.3	20.5	23.0	24.8	27.0
5	28.5	21.3	18.4	17.1	16.4	16.1	16.5	18.6	20.5	22.8	25.7	27.6	30.1
10	40.2	26.3	21.8	19.8	18.8	18.3	18.6	21.0	23.0	25.7	28.8	30.9	33.7
20	60.7	31.6	24.7	21.9	20.6	20.0	20.1	22.6	24.8	27.6	33.3	33.3	36.2
∞	∞	46.1	30.2	25.3	23.2	22.2	22.0	24.7	27.0	30.1	30.9	36.2	$4\pi^2$

注：R_1 和 R_2 分别为柱上、下端横梁线刚度之和与柱线刚度之比。

根据表 2.1 绘制框架柱临界支撑刚度诺模图，如图 2.4 所示。

侧移临界刚度 $\bar{c}_{wT}$ 的物理意义如下：

①当 $\bar{c}_w \geqslant \bar{c}_{wT}$ 时，理论上说，再增加支撑侧移刚度并不能提高临界荷载。这是由于受建筑物初始偏心和侧向水平荷载产生的侧移影响，支撑刚度达到临界侧移刚度后，还不足以使得框架柱能够按照无侧移计算稳定性。《钢结构设计标准》第 8.3.1 条给出了按照强支撑无侧移框架柱计算稳定性的判别式：

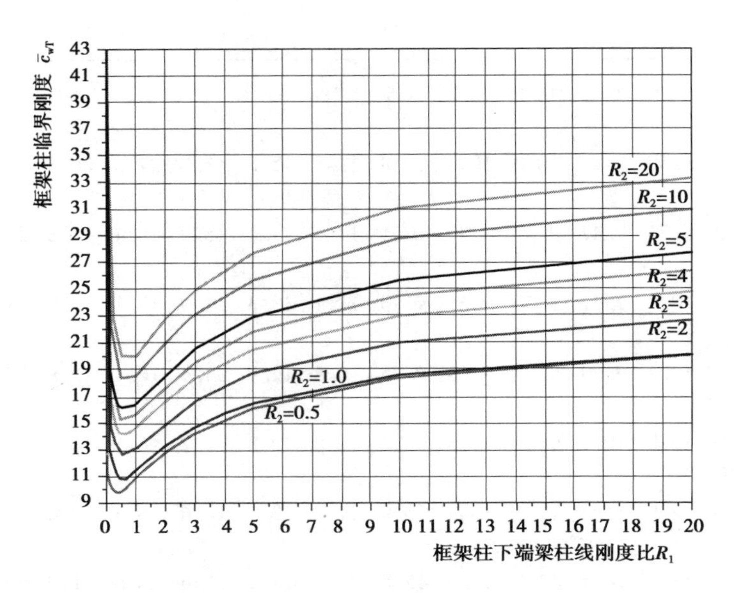

图 2.4　框架柱临界支撑刚度诺模图

$$S_b \geqslant 4.4\left[\left(1+\frac{100}{f_y}\right)\sum N_{bi}-\sum N_{0i}\right] \tag{2.17}$$

式中　S_b——支撑结构的侧移刚度；

$\sum N_{bi}$、$\sum N_{0i}$——第 i 层层间所有框架柱用无侧移框架和有侧移框架柱计算长度系数算得的轴压杆稳定承载力之和。

为了能够更好地反映侧移临界刚度 $\bar{c}_{wT}$ 与规范提供的强支撑无侧移支撑刚度 S_b 之间的关系，令受压柱上、下梁柱线刚度比 $R_1=R_2$，取值为 0 ~ 50，计算 $S_b/\bar{c}_{wT}$ 的变化，绘制成图 2.5。

从图 2.5 可以看出，梁柱线刚度比 $K_1=K_2$ 在 0 ~ 50 之间变化，根据《钢结构设计规范》(GB 50017—2003，简称“老钢规”)，S_b/c_{wT} 在 3.75 ~ 2.90 之间变化。根据《钢结构设计标准》(GB 50017—2017)可以看出，S_b/c_{wT} 与钢材的屈服强度有关：钢材牌号为 Q235 时，该值为 6.85 ~ 5.26；钢材牌号为 Q345 时，该值为 5.46 ~ 4.46；钢材牌号为 Q390 时，该值为 3.88 ~ 3.42。从图 2.5 可知，随着钢材牌号的增加，S_b/c_{wT} 逐渐变小，侧移临界刚度逐渐降低，即达到无侧移框架判别标准所需的支撑刚度逐渐降低，这是《钢结构设计标准》(GB 50017—2017)

与“老钢规”的显著变化之处。通过以上分析可知：可以考虑将侧移临界刚度 c_{wT} 放大一定的倍数作为区分有侧移和无侧移框架的判别标准。建议如下：钢材牌号为 Q235 时，支撑刚度 S_b 取临界侧移刚度 c_{wT} 的 6 ~ 7 倍；钢材牌号为 Q345 时，支撑刚度 S_b 取临界侧移刚度 c_{wT} 的 5 ~ 6 倍；钢材牌号为 Q390 时，支撑刚度 S_b 取临界侧移刚度 c_{wT} 的 4 倍；该取值可以作为杆件层次有侧移和无侧移框架柱的判别标准。

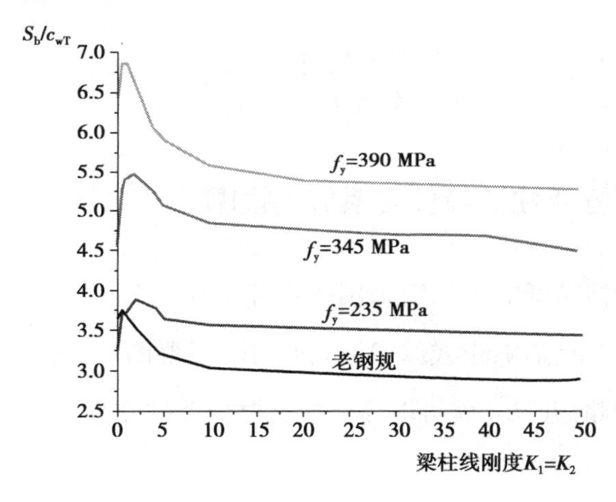

图 2.5　支撑刚度 $S_b/\bar{c}_{wT}$ 变化图

②当 $0<\bar{c}_w<\bar{c}_{wT}$ 时，为弱支撑有弹性侧移框架，框架柱的临界力介于自由侧移框架柱和无侧移框架柱之间。计算发现，当 $R_1=R_2$ 时，临界荷载与支撑刚度呈线性关系；当 R_1 和 R_2 相差很大时（20 倍以内最大误差 4% 内），两者才呈现非线性关系。因此，弱支撑框架柱临界荷载 P_{cr} 可近似表达为[4]

$$P_{cr}=P_{cr0}+(P_{cr1}-P_{cr0})\frac{\bar{c}_w}{\bar{c}_{wT}} \tag{2.18}$$

式中　P_{cr1}——按照强支撑无侧移框架柱所求得的临界荷载，可由式（2.16）计算求得；

P_{cr0}——按照无支撑自由侧移框架柱所求得的临界荷载，可由式（2.19）进行计算求得。

$$P_{cr0}=\frac{\pi^2 EI}{l^3}\cdot\frac{K_1+K_2+7.5K_1K_2}{1.52+4(K_1+K_2)+7.5K_1K_2} \tag{2.19}$$

根据式(2.13)和式(2.18)求得的弱支撑柱临界荷载,可求得弹性侧移框架柱临界刚度比系数 α:

$$\alpha=\frac{\overline{P}_{cr}}{P_{cr}}=\frac{1}{\pi^2}\times\left[\frac{6(R_1+R_2)+36R_1R_2}{1+2(R_1+R_2)+3R_1R_2}+\overline{c}_w\right]\Big/\left\{\left(1-\frac{\overline{c}_w}{\overline{c}_{wT}}\right)\frac{R_1+R_2+7.5R_1R_2}{1.52+4(R_1+R_2)+7.5R_1R_2}+\left[\frac{3+2(R_1+R_2)+1.28R_1R_2}{3+1.4(R_1+R_2)+0.64R_1R_2}\right]^2\cdot\frac{\overline{c}_w}{\overline{c}_{wT}}\right\} \tag{2.20}$$

2.2.2 弱支撑框架柱计算长度系数诺模图

将弹簧-摇摆柱模型中的弹簧采用弱支撑弹性侧移框架柱进行替换,建立弱支撑框架柱的扩展结构,由式(2.2)可以看出:只要确定了弱支撑框架柱的临界刚度比 α 和抗侧刚度 K_0,就可以确定弱支撑框架柱临界力和计算长度系数,即存在[7]:

$$P_{cr}=\frac{K_0 l}{\alpha},\qquad \mu=\frac{\pi}{l}\sqrt{\frac{\alpha EI}{K_0 l}} \tag{2.21}$$

由式(2.14)求得的弹性侧移框架柱抗侧刚度,即为框架柱的一阶抗侧刚度 K_0。根据式(2.15)计算临界侧移刚度 $\overline{c}_{wT}$ 或图 2.4 所示的框架柱临界支撑刚度诺模图,判断支撑刚度 $\overline{c}_w$ 与临界侧移刚度 $\overline{c}_{wT}$ 的关系,选择框架柱稳定计算类型。若 $\overline{c}_w\geq\overline{c}_{wT}$,理论上可按照强支撑无侧移受压柱计算稳定;若 $\overline{c}_w<\overline{c}_{wT}$,则通过式(2.20)求得弹性侧移受压柱临界刚度比系数 α,将其代入式(2.21)可求出确定弱支撑框架柱的临界力 P_{cr} 和计算长度系数 μ。根据侧移支撑刚度 $\overline{c}_w$ 与临界侧移刚度 $\overline{c}_{wT}$ 的关系,可以获得不同侧移类型的框架柱,如图 2.6 所示。

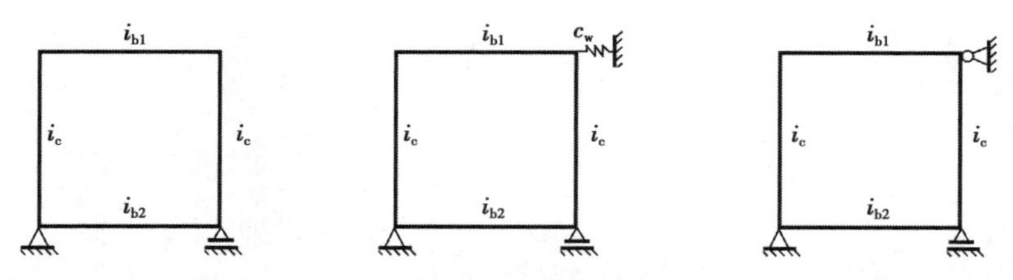

图 2.6　不同侧移类型的框架示意图

为了便于工程应用，根据前述计算公式，绘制不同侧移类型框架柱计算长度系数诺模图(图 2.7—图 2.16)。图中 R_1、R_2 分别为相较于柱上端、柱下端的横梁线刚度之和与柱线刚度之和的比值，即 $R_1=i_{b1}/i_c$，$R_2=i_{b2}/i_c$；$\bar{c}_w$ 为侧向支撑弹簧的相对刚度。

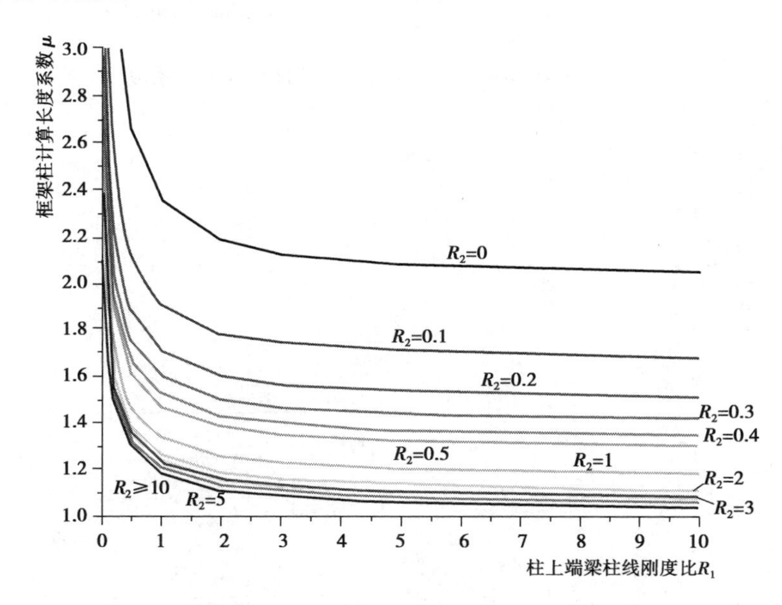

图 2.7　自由侧移框架柱计算长度系数($\bar{c}_w=0$)

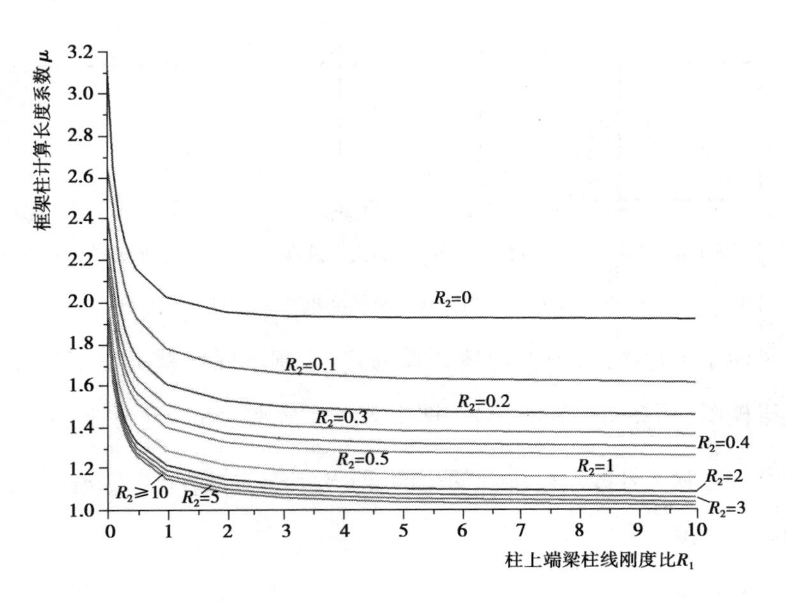

图 2.8　支撑相对刚度 $\bar{c}_w=0.5$ 框架柱计算长度系数

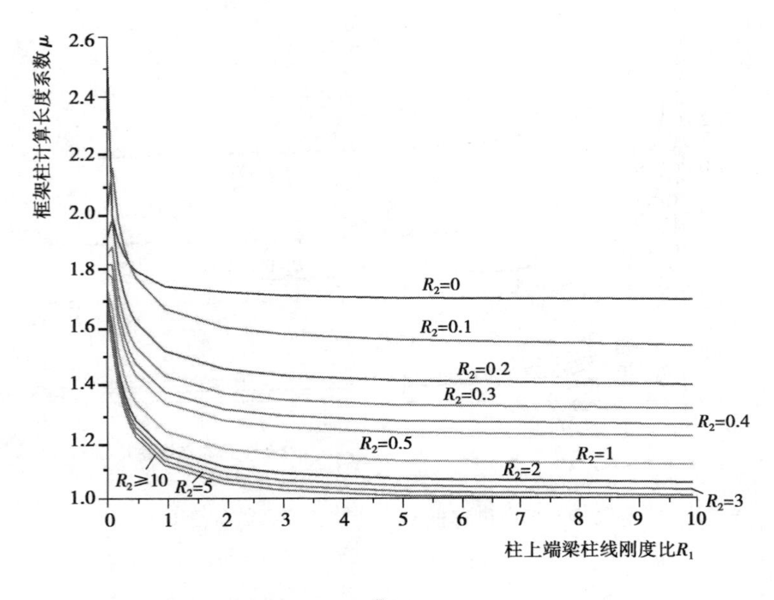

图 2.9　支撑相对刚度 $\bar{c}_w=1$ 框架柱计算长度系数

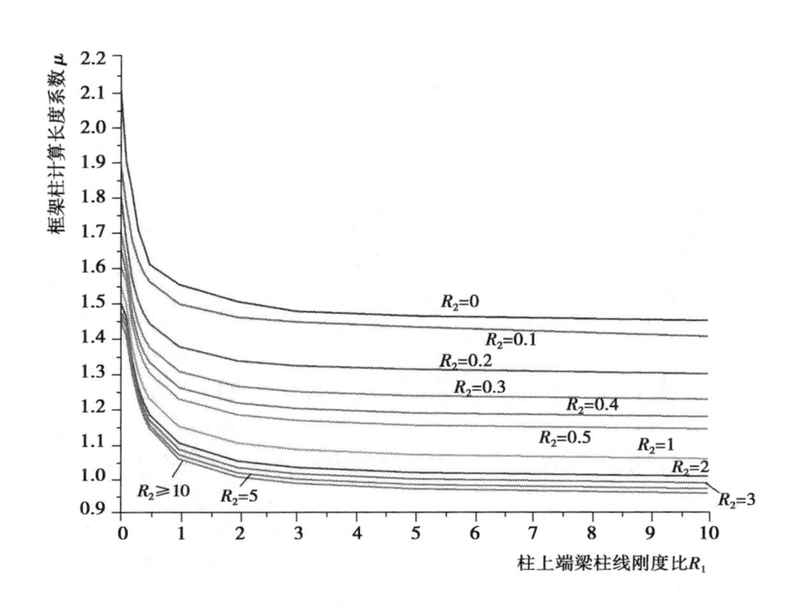

图 2.10　支撑相对刚度 $\bar{c}_w=2$ 框架柱计算长度系数

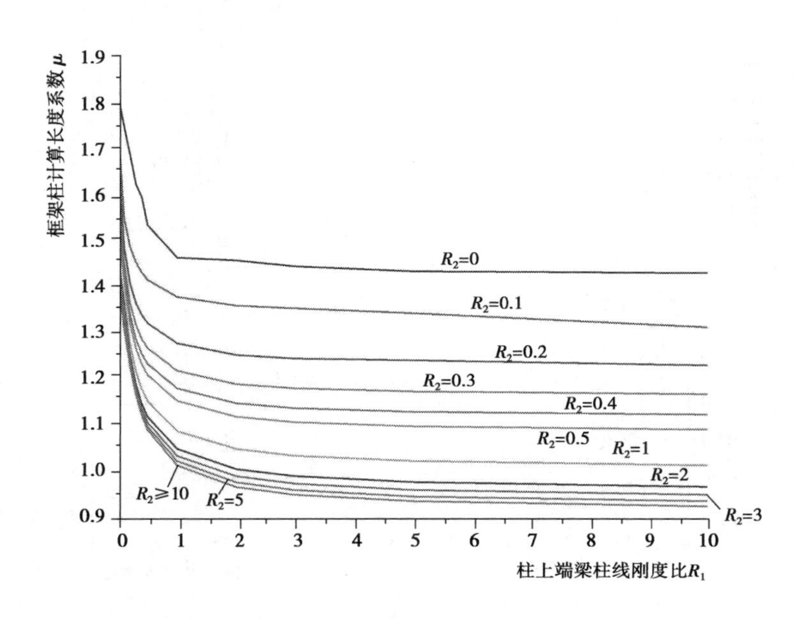

图 2.11　支撑相对刚度 $\bar{c}_w=3$ 框架柱计算长度系数

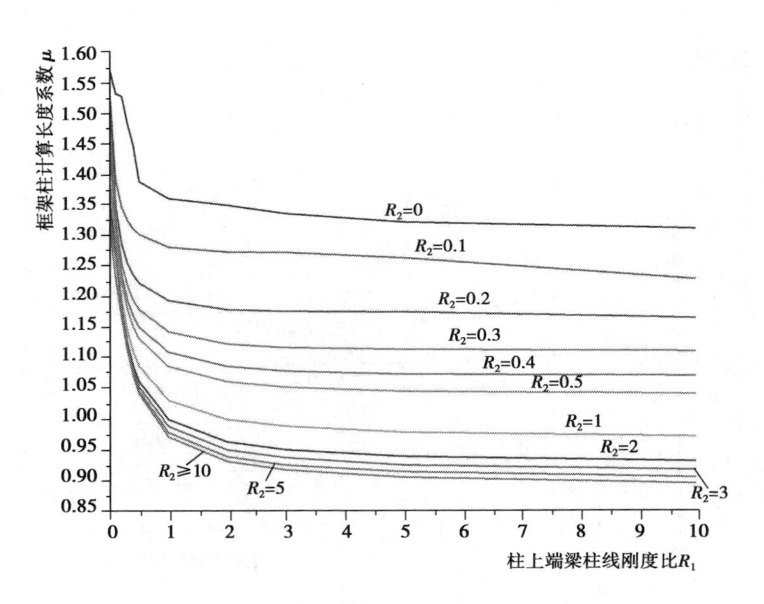

图 2.12　支撑相对刚度 $\bar{c}_w$ =4 框架柱计算长度系数

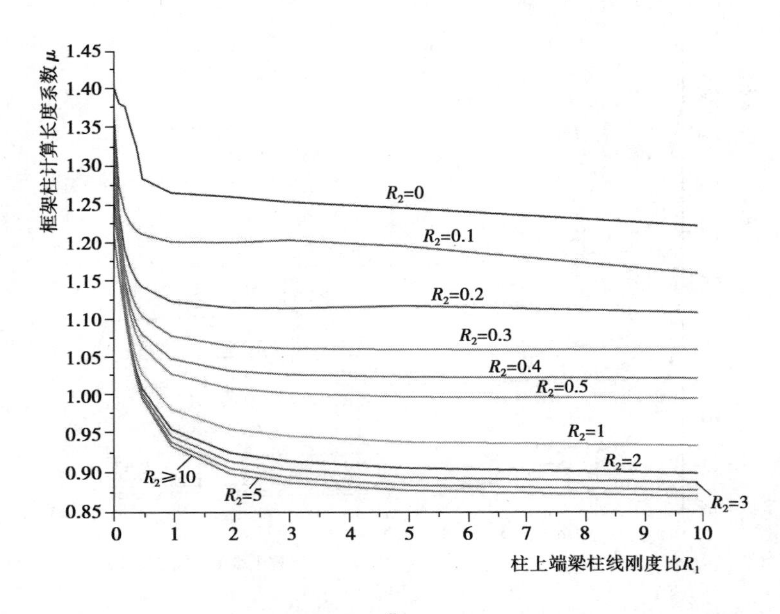

图 2.13　支撑相对刚度 $\bar{c}_w$ =5 框架柱计算长度系数

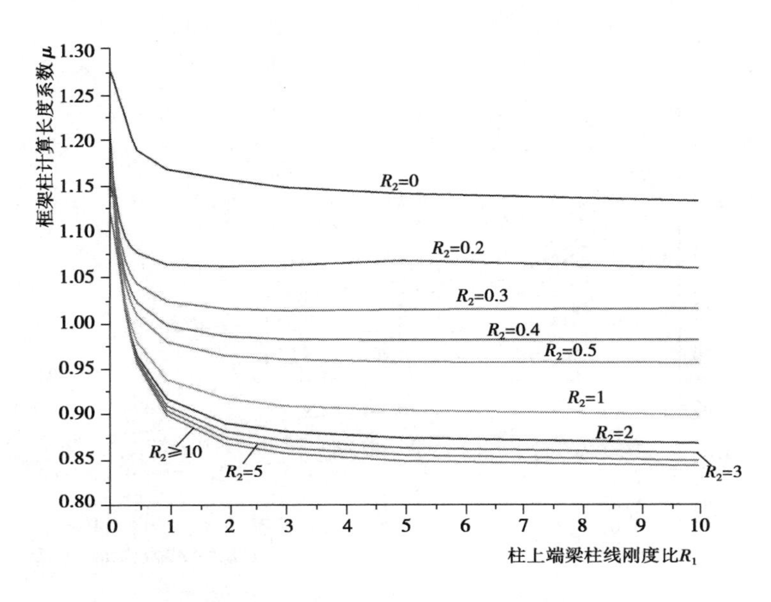

图 2.14　支撑相对刚度 $\bar{c}_w=6$ 框架柱计算长度系数

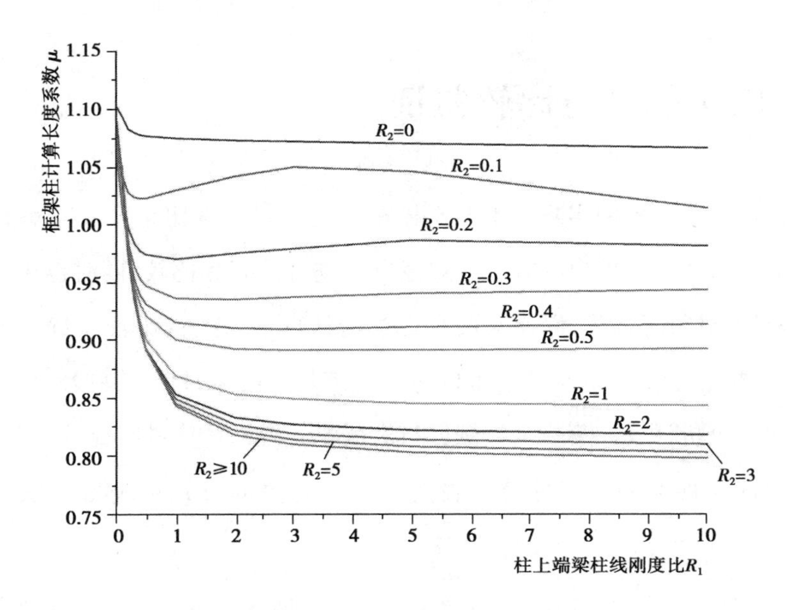

图 2.15　支撑相对刚度 $\bar{c}_w=8$ 框架柱计算长度系数

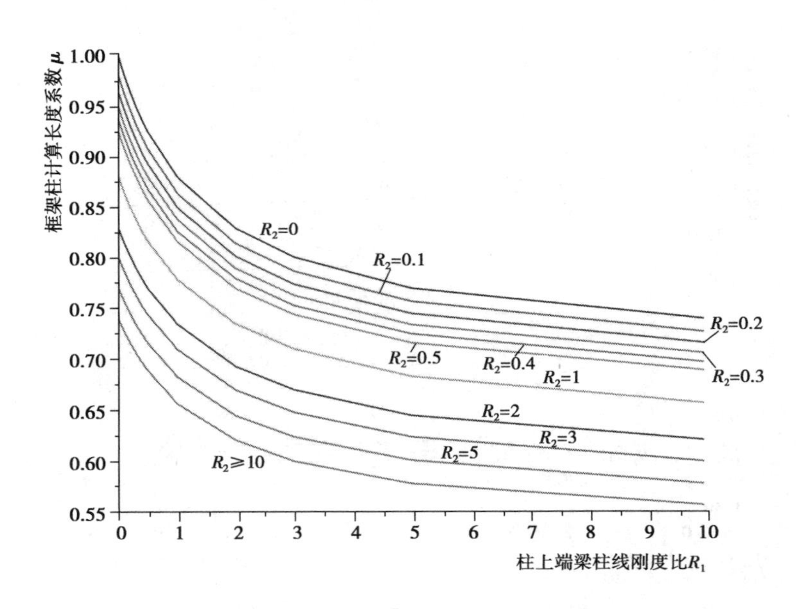

图 2.16　支撑相对刚度 $\bar{c}_w=\infty$ 框架柱计算长度系数

2.3　应用算例与比较验证

下文通过两个算例实际运用弱支撑框架柱临界刚度比系数 α 求解柱计算长度系数。采用本书提出的方法和规范方法进行计算和比较，同时也用有限元软件 ANSYS 进行了计算，以便对两种方法的计算结果进行比较。ANSYS 求解时，梁柱建模均采用简单的梁单元 beam3，节点均为刚接，材料为弹性，即进行的是弹性屈曲分析计算。第一个算例可与规范中的表格计算进行比较，第二个弱支撑有弹性侧移类型框架柱算例在规范中无相关的公式和表格可供计算和查用。

2.3.1　算例 1

在图 2.17(a)所示的一钢框架中，$l=500$ cm，$b=750$ cm，钢框架梁柱断面均为 HW-300×300×10×15，I_x=20 500 cm^4，E=2.06×10^4 kN/cm^2，求左柱的临界力和计算长度系数。

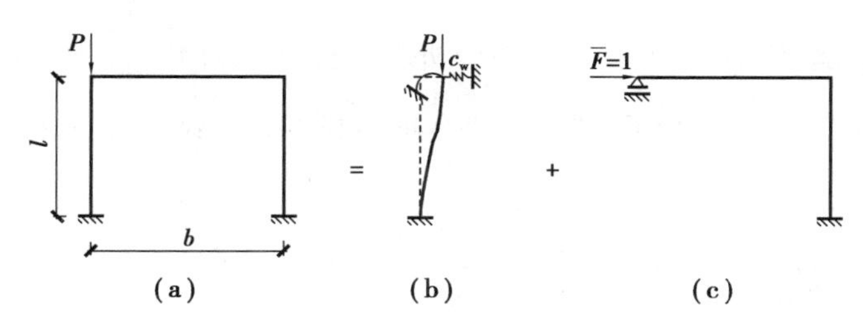

图 2.17　计算简图

1）本书方法求解

①将左柱从整个结构中分离出来，剩余结构对左柱存在一个位移约束[图 2.17(b)]，此位移约束弹簧刚度 c_w 可通过在剩余结构的左端施加一个单位水平力[图 2.17(c)] 利用图乘法[8]很容易求得，其位移的倒数便是相应的水平位移弹簧约束刚度，其值为 $\delta_w=\frac{1}{c_w}=\frac{l^3}{6.6EI}$，由此可求得：$c_w=\frac{6.6EI}{l^3}$，$\bar{c}_w=6.6$。

②由式(2.15)求得或利用框架柱临界支撑刚度诺模图(图 2.4)查得：框架柱侧移临界刚度 $\bar{c}_{wT}=20.767$，与所求位移约束刚度 $\bar{c}_w$ 进行比较，判别按有弱支撑弹性侧移框架柱计算还是强支撑无侧移框架柱计算。本算例 $\bar{c}_w=6.6<\bar{c}_{wT}=20.767$，应按照有弹性侧移结构柱计算。

③根据计算简图确定梁柱线刚度比：$R_1=0.667$，$R_2=\infty$，利用不同侧向弹簧相对刚度下框架柱计算长度系数诺模图(图 2.7—图 2.16)，由于本算例中 $\bar{c}_w=6.6$，查图 2.14($\bar{c}_w=6.0$)和图 2.15($\bar{c}_w=8$)获得柱计算长度系数并进行线性内插，可得柱计算长度系数 $\mu=0.898$，据此可求得柱临界力 $P_{cr}=20\ 695$ kN，将计算结果列入表 2.2。

2）规范法求解

由本算例梁柱线刚度比 $R_1=0.667$，$R_2=\infty$，查规范附录表 D-2 求得柱临界

力 P_{cr}=10 585 kN、柱计算长度系数 μ=1.255。

3）有限元软件 ANSYS 求解

经有限元软件 ANSYS 弹性屈曲分析求得柱临界力 P_{cr}=22 026 kN、柱计算长度系数 μ=0.870。ANSYS 进行弹性屈曲分析的计算结果如图 2.18 所示。

图 2.18　屈曲变形模态图

将本书方法、规范方法和有限元软件 ANSYS 的计算结果归纳在表 2.2 中，对 3 种方法的计算结果进行比较。

表 2.2　柱稳定承载力及计算长度系数对比结果

柱分项	规范法 ①	本书方法 ②	ANSYS ③	①/③	②/③
P_{cr}	10 585	20 695	22 026	0.481	0.940
μ	1.255	0.898	0.870	1.443	1.032

由表 2.2 结果可知，本书方法与 ANSYS 对比误差很小，临界力误差为 6%，

计算长度系数误差更小,仅为3.2%。本算例中,柱右侧无集中荷载,右侧柱存在富余刚度,会对左侧柱进行支援,由于规范法无法考虑左、右柱之间的相互支援,造成左柱的计算长度比ANSYS大了44%,临界力减小了50%,严重低估了左柱临界力,计算结果偏于保守。

2.3.2　算例2

在图2.19所示的钢框架中,$l=500$ cm,$b=750$ cm,梁柱断面均为HW-300×300×10×15,$I_x=20\ 500\ \text{cm}^4$,$E=2.06\times10^4\ \text{kN/cm}^2$,求右柱的临界力和计算长度系数。

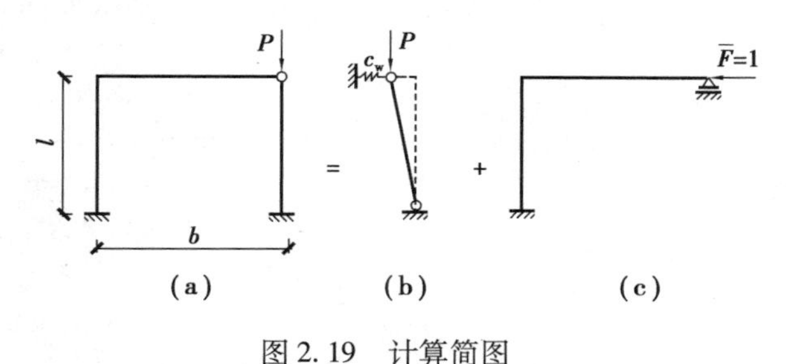

图2.19　计算简图

1）本书方法求解

①将右柱从整个结构中分离出来,剩余结构对右柱存在一个位移约束[图2.19(b)和图2.19(c)],此位移弹簧刚度 $\bar{c}_w$ 的计算同算例1的方法,可求得 $\bar{c}_w=6.6$。

②由式(2.15)求得或利用框架柱临界支撑刚度诺模图(图2.4)查得,框架柱侧移临界刚度 $\bar{c}_{wT}=9.87$,本算例 $\bar{c}_w=6.6<\bar{c}_{wT}=9.87$,应按照弱支撑有弹性侧移框架柱计算。

③由计算简图可以确定梁柱线刚度比:$R_1=0$、$R_2=0$,查不同侧向弹簧相对刚度下框架柱计算长度系数诺模图,查图2.14($\bar{c}_w=6.0$)和图2.15($\bar{c}_w=8$)获得柱计算长度系数并进行线性内插,可得柱计算长度系数 $\mu=1.228$,据此可求得柱临界力 $P_{cr}=11\ 057$ kN,将计算结果列入表2.3。

2）规范法求解

规范附录 E 显然不适合该算例，为了便于看出规范法的不足之处，仍然根据规范法确定稳定性。此算例梁柱线刚度比 $R_1=0$、$R_2=0$，若按照规范法强支撑无侧移框架柱计算，根据附录表 E-1，可以求得柱临界力 $P_{cr}=36\ 591$ kN、柱计算长度系数 $\mu=0.675$；若按照规范法无支撑自由侧移框架柱计算，根据附录表 E-2，可以求得柱临界力 $P_{cr}=0$、柱计算长度系数 $\mu=\infty$。

3）有限元软件 ANSYS 求解

经有限元软件 ANSYS 弹性屈曲分析求得柱临界力 $P_{cr}=10\ 135$ kN、柱计算长度系数 $\mu=1.283$。ANSYS 进行弹性屈曲分析的计算结果如图 2.20 所示。

图 2.20　屈曲变形模态图

将本书方法、规范方法和有限元软件 ANSYS 的计算结果归纳在表 2.3 中，对 3 种方法的计算结果进行比较。

表 2.3　柱稳定承载力及计算长度系数对比结果

柱分项	规范法①	规范法②	本书方法③	ANSYS ④	①/④	②/④	③/④
P_{cr}	36 591	0	11 057	10 135	3.610	0	1.091
μ	0.675	∞	1.228	1.283	0.526	∞	0.957

由表 2.3 可知,本书计算方法与 ANSYS 对比误差较小,计算长度系数误差仅为 4%。本算例中,左柱无集中荷载,目前规范中只有强支撑无侧移和无支撑有自由侧移两种情况的表格,尚无适合本算例的计算表格。为了展示规范法计算的差别,若按规范法强支撑无侧移框架柱(①)计算,所得的计算长度系数减小了 47%,临界力增大了 261%,偏于不安全;若按照规范法无支撑自由侧移框架柱(②)计算,柱子为可变体系,右柱的计算长度为无穷大,显然偏离于实际情况,明显不合理。

2.4　本章小结

①本章推导了弱支撑框架柱临界刚度比系数的计算公式,通过该系数可将求解弱支撑框架柱计算长度系数的复杂二阶问题转化为计算压杆一阶抗侧刚度问题,获得了确定弱支撑框架柱计算长度系数的简便算法,避免了求解复杂的超越方程,计算过程快速方便,且具有较高的计算精度。

②本章推导了弱支撑框架柱计算长度系数的计算公式,并给出了便于工程应用的不同侧移类型框架计算长度系数的诺模图(图 2.7—图 2.16)。计算长度系数诺模图既包含了规范中已有的无支撑自由侧移框架柱[图 2.6(a)和图 2.7]和强支撑无侧移框架柱[图 2.6(c)和图 2.16],也包含了规范中尚缺少的弱支撑弹性侧移框架柱[图 2.6(b)、图 2.8—图 2.15],有效地补充了《钢结构

设计标准》附录 E 框架柱计算长度系数缺少的弱支撑框架柱计算长度系数内容,可供工程设计和理论计算使用。

③本章推导了可按照强支撑无侧移框架柱计算稳定性的侧移临界刚度,此刚度可作为选择按照 $P-\Delta$ 效应还是 $P-\delta$ 效应计算受压柱二阶效应的判别标准。可考虑将此侧移临界刚度放大 3 ~ 4 倍作为判断结构有无侧移的判断标准。

④目前规范给出了 $P-\Delta$ 效应和 $P-\delta$ 效应的计算方法,并指出 $P-\Delta$ 效应的计算适用于有侧移框架柱,$P-\delta$ 效应的计算适用于无侧移框架柱,但规范中没有给出界定结构是否有侧移的方法和标准,也没有具体的判别式。本章推导了弹性侧移受压柱计算长度系数的计算公式,并对该刚度进行了讨论,给出了杆件层次上受压柱有无侧移的判别标准,可作为选择按照 $P-\Delta$ 效应还是 $P-\delta$ 效应计算框架柱二阶效应的判别标准。

本章参考文献

[1] 中华人民共和国住房和城乡建设部. 钢结构设计标准(GB 50017—2017)[S]. 北京:中国建筑工业出版社, 2018.

[2] 兰树伟,周东华,双超,等. 有侧移框架临界承载力的实用计算方法[J]. 振动与冲击,2019,38(11):180-186,202.

[3] 耿旭阳,周东华, 陈旭, 等. 确定受压柱计算长度的通用图表[J]. 工程力学,2014,31(8):154-160,174.

[4] 童根树. 钢结构的平面内稳定[M]. 北京:中国建筑工业出版社,2005.

[5] 兰树伟,周东华,双超,等. 一种计算框架-剪力墙临界承载力的解析法[J]. 振动与冲击,2020,39(19):48-54,77.

[6] 童根树,施祖元. 非完全支撑的框架结构的稳定性[J]. 土木工程学院,

1998,31(4):31-37.

[7] 兰树伟,陈旭,周东华,等. 弱支撑框架柱计算长度系数的实用算法[J]. 四川建筑科学研究,2021,47(5):16-25.

[8] 曾宪桃, 樊友景. 结构力学(上册)[M]. 郑州:郑州大学出版社,2008.

第3章 基于轴力权重的有侧移钢框架整体稳定解析算法

纯框架结构的抗侧力构件没有抗侧刚度大的支撑体系，主要由抗侧刚度较弱的框架柱组成。对于钢框架结构，因为钢材强度高，钢构件的截面相对较小，抗侧刚度也就相对偏弱，因此钢框架的稳定是工程中不能忽视的问题。纯框架的侧移刚度较小，通常是有侧移的失稳起控制作用，要解决有侧移框架的稳定问题，最有效的方法就是求出框架的临界荷载，使结构实际能够承受的荷载低于临界荷载，以保证结构不发生失稳。另外，钢框架由于抗侧刚度较弱，它受二阶效应的影响更为明显，求解二阶效应放大系数需要先求解结构的临界力[1]。框架结构在临界失稳状态下，实际能够承受的临界荷载称为框架临界承载力。有侧移框架临界承载力的求解，是将荷载换算为集中力作用于各层柱的节点顶进行计算，不考虑柱子初始缺陷和水平荷载因素的影响，目前主要采用计算长度系数法[2]。该法利用《钢结构设计标准》给出的确定框架柱计算长度系数表格，逐根构件校核计算结构的临界承载力，而多层钢框架通常构件数量很多，构件参数变化多，实际应用多有不便。而且该法是在理想化假定下进行求解，未能计入同层柱之间的相互支援以及层与层柱间的支援作用，所求得的临界力对于得到支援的框架柱过于保守，对于提供支援的框架柱又偏于危险。

本书将第 2 章求解弱支撑框架柱临界力所提出的弹簧-摇摆柱模型的弹簧替换为纯框架，分析轴向荷载和框架抗侧刚度之间的关系，利用结构转换的方法建立框架结构的平衡方程,将求解钢框架整体稳定临界承载力的二阶计算转化为更为熟悉的确定框架整体抗侧刚度的一阶问题,不需要建立和求解超越方程,也不需要建立框架的总势能方程,使得钢框架临界力的求解大为简化。本书基于轴力权重加权平均的方法考虑楼层刚度激活程度,推导获得了框架临界力的解析近似计算公式,能够判断结构的薄弱层,可以定量地计算楼层之间的相互支援程度,避免了规范计算长度系数可能因无法考虑两种支援作用造成的不合理设计。下面对基于轴力权重计算钢框架整体稳定承载力的解析近似计算公式的推导进行介绍。

3.1　有侧移钢框架的弹簧-摇摆柱模型

3.1.1　有侧移钢框架结构的临界状态方程

对于如图 3.1(a)所示的单层单跨框架(原结构),精确求解其结构稳定承载力需要迭代求解超越方程,采用能量法近似计算稳定承载力需要建立总势能方程,求解不便。特别是对于杆件较多的多层多跨钢框架结构,平衡法所得稳定超越方程更为复杂,能量法建立的总势能方程也将更为冗长,求解将更为困难。因此,有必要寻找便于求解的方法。根据第 2 章提出的弹簧-摇摆柱模型,可以知道,摇摆柱自身无法保持稳定,只有依附在稳定结构上方可承载。利用摇摆柱这种受力特点建立单层框架的扩展结构,如图 3.1(b)所示。扩展结构荷载仅作用在摇摆柱上,而原结构框架上无荷载,其临界状态方程为代数方程,求解极为方便。若能利用扩展结构求解原结构的临界承载力,则将使得钢框架整体稳定承载力的复杂二阶计算转化为简单的代数方程求解。

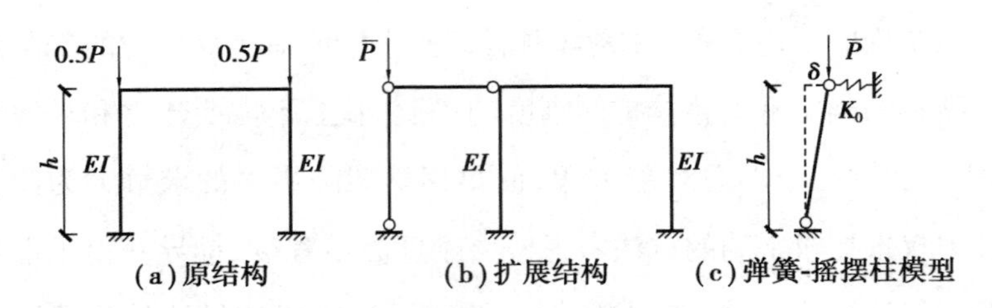

图 3.1 单层单跨框架及弹簧-摇摆柱模型

将图 3.1(b)所示的扩展结构的单层框架看作一个弹簧,使得弹簧刚度 K_0 等于单层框架的抗侧刚度,此时单层框架的扩展结构可简化为图 3.1(c)所示的弹簧-摇摆柱模型。弹簧-摇摆柱模型中,荷载 $\overline{P}$ 作用在摇摆柱柱顶,产生侧移 δ,对下端取矩:$\overline{P}\delta - K_0\delta \cdot h = 0$,可得弹簧-摇摆柱结构临界平衡方程:

$$K_0 - \frac{\overline{P}_{\mathrm{cr}}}{h} = 0 \tag{3.1}$$

式(3.1)的物理意义为外荷载对弹簧刚度的削弱程度。当结构处于临界平衡时,弹簧刚度被削弱至0,即有侧移框架失稳时,外荷载将框架抗侧刚度削弱为0[3]。

扩展结构中摇摆柱自身无法保持稳定,通过其依附的原结构提供刚度支持方可维持自身稳定以承载,因此摇摆柱无法提供刚度,扩展结构与原结构具有相同的抗侧刚度,将扩展结构临界力进行如下变换:

$$\overline{P}_{\mathrm{cr}} = \frac{\overline{P}_{\mathrm{cr}}}{P_{\mathrm{cr}}} \frac{P_{\mathrm{cr}}}{P} P = \alpha\lambda P \tag{3.2}$$

式中 P_{cr}——原结构的总临界力;

P——原结构的总荷载;

α——临界刚度比系数,计算值等于 $\overline{P}_{\mathrm{cr}}/P_{\mathrm{cr}}$,即扩展结构与原结构临界力之比,图 3.1(c)所示的弹簧-摇摆柱模型中 $\alpha = 1.0$;

λ——荷载因子,数值上 $\lambda = P_{\mathrm{cr}}/P$,即结构临界力与施加荷载的比值,处于临界状态时,$\lambda = 1.0$。

将式(3.1)和式(3.2)联立求解,可得有侧移钢框架的临界平衡方程:

$$K_0-\alpha\lambda\frac{P}{h}=0 \tag{3.3}$$

式中，P/h 与 K_0 量纲相同，称为荷载刚度，用 K_P 表示。因此，式(3.3)可视为临界平衡方程用结构抗侧刚度和荷载刚度的表达形式，实现了利用扩展结构求解原结构的临界承载力的目的，只需要确定临界刚度比系数 α，就可以将临界承载力计算复杂二阶问题转化为计算结构的一阶抗侧刚度问题。

假定图 3.1(a)所示的单层单跨框架(原结构)的框架梁线刚度无穷大，则其抗侧刚度 $K_0=24EI/h^3$，即为原结构的抗侧刚度，其扩展结构的临界力 $\overline{P}_{cr}=24EI/h^2$，原结构的临界力 $P_{cr}=2\pi^2EI/h^2$。当扩展结构施加荷载 $\overline{P}\to\overline{P}_{cr}$ 时，原结构的抗侧刚度 K_0 被削弱趋近于 0，此时的临界刚度比系数 $\alpha=\overline{P}_{cr}/P_{cr}=12/\pi^2=1.216$。

3.1.2　有侧移钢框架柱的临界刚度比系数

对于有侧移钢框架，它相当于图 2.2 所示的三弹簧分离柱中的水平弹簧相对刚度 $\bar{c}_w=0$，将其代入式(2.20)，可得有侧移钢框架柱的临界刚度比系数计算公式：

$$\alpha_{ij}=\frac{\overline{P}_{cr}}{P_{cr}}=\frac{1}{\pi^2}\times\left[\frac{6(R_1+R_2)+36R_1R_2}{1+2(R_1+R_2)+3R_1R_2}\right]\cdot\left[\frac{1.52+4(R_1+R_2)+7.5R_1R_2}{R_1+R_2+7.5R_1R_2}\right] \tag{3.4}$$

为了便于工程应用，对不同的 R_1 和 R_2 取值，根据式(3.4)计算有侧移钢框架柱临界刚度比系数并绘制成表，如表 3.1 所示。

表 3.1　有侧移框架柱临界刚度比系数

R_2 \ R_1	0	0.1	0.2	0.3	0.4	0.5	1	2	3	5	10	20	∞
0	1.00	1.006	1.017	1.030	1.043	1.055	1.098	1.141	1.161	1.180	1.197	1.206	1.216
0.1	1.006	1.002	1.006	1.014	1.024	1.033	1.069	1.108	1.128	1.146	1.162	1.172	1.181

续表

R_2 \ R_1	0	0.1	0.2	0.3	0.4	0.5	1	2	3	5	10	20	∞
0.2	1.017	1.006	1.006	1.010	1.016	1.023	1.054	1.090	1.108	1.126	1.142	1.151	1.160
0.3	1.030	1.014	1.010	1.011	1.015	1.020	1.047	1.080	1.097	1.114	1.130	1.139	1.148
0.4	1.043	1.024	1.016	1.015	1.017	1.021	1.044	1.075	1.091	1.108	1.123	1.132	1.141
0.5	1.055	1.033	1.023	1.020	1.021	1.024	1.044	1.073	1.088	1.105	1.120	1.128	1.137
1	1.098	1.069	1.054	1.047	1.044	1.044	1.055	1.078	1.092	1.107	1.121	1.129	1.138
2	1.141	1.108	1.090	1.080	1.075	1.073	1.078	1.098	1.111	1.125	1.139	1.147	1.156
3	1.161	1.128	1.108	1.097	1.091	1.088	1.092	1.111	1.124	1.138	1.152	1.160	1.169
5	1.180	1.146	1.126	1.114	1.108	1.105	1.107	1.125	1.138	1.152	1.166	1.174	1.183
10	1.197	1.162	1.142	1.130	1.123	1.120	1.121	1.139	1.152	1.166	1.180	1.188	1.198
20	1.206	1.172	1.151	1.139	1.132	1.128	1.129	1.147	1.160	1.174	1.188	1.197	1.206
∞	1.216	1.181	1.160	1.148	1.141	1.137	1.138	1.156	1.169	1.183	1.198	1.206	1.216

注：R_1 和 R_2 分别为柱上、下端横梁线刚度之和与柱线刚度之比。

3.2 有侧移钢框架的整体抗侧刚度

将弹簧-摇摆柱模型中的弹簧替换为图 3.2 所示的有侧移钢框架，根据有侧移钢框架临界状态方程［式(3.3)］，可以知道有侧移框架失稳时，荷载刚度将框架抗侧刚度削弱为 0，确定了框架的抗侧刚度 K_0 和临界刚度比系数 α 后，可通过扩展结构确定有侧移钢框架（原结构）整体稳定的临界承载力。由于有侧移钢框架通常杆件众多,整体抗侧刚度求解过程较烦琐,因此需要寻找求解有侧移钢框架整体抗侧刚度的简便算法。

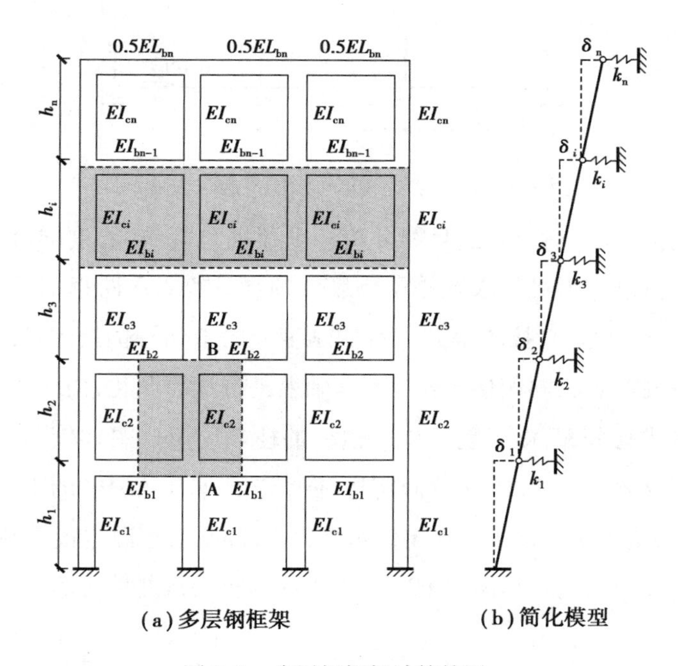

图 3. 2　多层钢框架计算简图

3. 2. 1　框架重复单元

图 3. 2(a)所示的钢框架 i 层填充示意的结构单元由梁单元和柱单元以刚接形式组成,对于梁单元来说,它同时又是相邻楼层梁单元的一部分,通常很多楼层采用相同截面的梁、柱重复布置,因此该示意的结构单元称为楼层重复单元[4]。楼层重复单元中,梁单元采用梁截面对应特征值的 1/2,假定梁的反弯点在梁跨中,柱的反弯点位于层高的 1/2 处,忽略杆件轴力影响,框架结构楼层重复单元梁柱变形和边界条件如图 3. 3 所示。

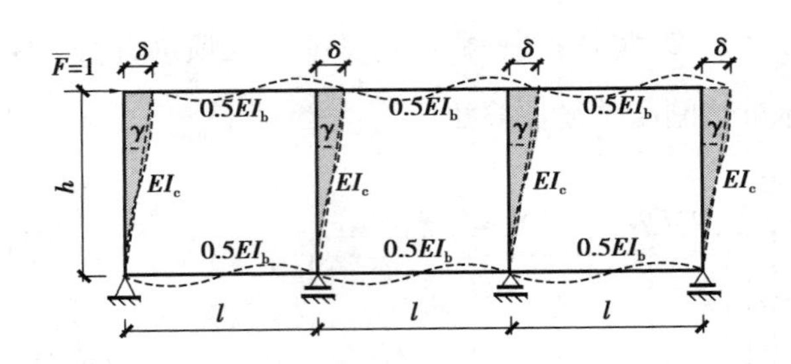

图 3.3　楼层重复单元的梁柱变形和边界条件

求解钢框架层抗侧刚度，只需分析一个楼层重复单元，这样可避免逐根计算框架柱抗侧刚度再组装求解楼层刚度的烦琐计算。多跨框架重复单元仍属于高次超静定问题，直接求解其层抗侧刚度 k 的精确解仍是困难的。为此，在同一楼层各柱产生相同侧移 δ 假定的基础上进行适当简化，由于楼层剪力按照柱抗侧刚度进行分配，楼层重复单元边柱的柱端约束比中柱较弱，两者抗侧刚度 D 的比值大约为 1/2，因此可假定边柱所分配剪力是中柱的 1/2。如图 3.3 所示，在楼层重复单元顶部施加单位水平力 $\overline{F}$，按照前述假定很容易求得其 1/2 对称楼层重复单元的弯矩图（图 3.4，图中 m 为楼层重复单元的柱总根数）。

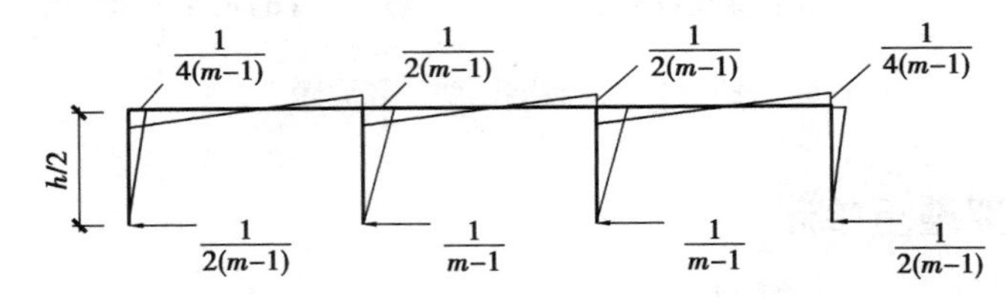

图 3.4　1/2 对称楼层重复单元弯矩图

用图乘法[5]可求得楼层重复单元层间相对位移 δ：

$$\delta=\frac{(2m-3)h^3}{24EI_c(m-1)^2}+\frac{h^2 l}{12EI_b(m-1)} \tag{3.5}$$

由图 3.3 可以看出，荷载作用下产生的层间相对位移使得框架柱变形后弦线与铅垂线之间产生夹角 γ，由该变形后的几何关系可求得：

$$\gamma=\frac{\delta}{h}=\frac{(2m-3)h^2}{24EI_c(m-1)^2}+\frac{hl}{12EI_b(m-1)} \tag{3.6}$$

由于框架层剪力等于层抗侧刚度与楼层侧移的乘积[6]，即 $H=V=k\delta$，又因

为 $V=GA\cdot\gamma$，因此有 $V=GA\cdot\frac{\delta}{h}$。

由式(3.6)可求得有侧移钢框架层抗侧刚度：

$$k=\frac{24EI_{\mathrm{c}}(m-1)^2/h^3}{2m-3+\frac{2I_{\mathrm{c}}(m-1)}{I_{\mathrm{b}}}\frac{l}{h}} \tag{3.7}$$

对于框架底层，由于下部为固定端约束，即梁刚度无穷大，假定柱反弯点在层高 2/3 处[7]，按照前述图乘法计算得到底层抗侧刚度近似计算公式为

$$k_1=\frac{18EI_{\mathrm{c}}(m-1)^2/h^3}{(2m-3)+\frac{I_{\mathrm{c}}(m-1)}{3I_{\mathrm{b}}}\cdot\frac{l}{h}} \tag{3.8}$$

3.2.2　有侧移钢框架整体抗侧刚度

对于图 3.2(a)所示的多层钢框架，假定第 i 层层间相对位移为 δ_i，层抗侧刚度为 k_i。为求解钢框架整体抗侧刚度，如图 3.2(b)所示，将每层抗侧刚度视为一个弹簧，钢框架整体抗侧刚度可视为每个弹簧的串联[8]。因此，框架各层整体抗侧刚度 K_i 与层抗侧刚度之间的关系式为

$$\frac{1}{K_i}=\frac{1}{k_1}+\frac{1}{k_2}+\cdots+\frac{1}{k_i} \tag{3.9}$$

式中　K_i—— i 层框架整体抗侧刚度($1\leqslant i\leqslant n$)；

$k_1,k_2,\cdots,k_i$——各层的抗侧刚度。

将式(3.7)和式(3.8)求得的各楼层抗侧刚度进行刚度串联，即代入式(3.9)中，可得 i 层框架整体抗侧刚度计算公式：

$$\frac{1}{K_i}=\frac{1}{\frac{18EI_{\mathrm{c1}}(m_1-1)^2/{h_1}^3}{(2m_1-3)+\frac{I_{\mathrm{c1}}(m_1-1)}{3I_{\mathrm{b1}}(2m_1+1)}\cdot\frac{l_1}{h_1}}}+\frac{1}{\frac{24EI_{\mathrm{c2}}(m_2-1)^2/h_2^3}{(2m_2-3)+\frac{2I_{\mathrm{c2}}(m_2-1)}{I_{\mathrm{b2}}}\cdot\frac{l_2}{h_2}}}+\cdots+\frac{1}{\frac{24EI_{\mathrm{c}i}(m_i-1)^2/h_i^3}{(2m_i-3)+\frac{2I_{\mathrm{c}i}(m_i-1)}{I_{\mathrm{b}i}}\cdot\frac{l_i}{h_i}}} \tag{3.10}$$

式中，m_i 为第 i 层框架柱总根数。若同一楼层重复单元梁、柱截面惯性矩不相等且梁柱线刚度比 $0.3 \leqslant hI_b/(lI_c) \leqslant 5$，可以取梁、柱的平均惯性矩；如果梁跨距不相等且相邻跨差不大于3时，可取平均跨距。

3.3 有侧移钢框架整体稳定承载力计算

下面对基于轴力权重计算有侧移钢框架整体稳定临界力的解析近似计算公式的推导进行介绍。

3.3.1 有侧移钢框架整体荷载刚度

由框架柱临界平衡方程式(2.2)，可以建立图3.2(a)所示的多层钢框架任意单根分离柱的临界方程[9]：

$$k_{ij}-\alpha_{ij}\frac{N_{ij}}{h_i}=0 \tag{3.11}$$

式中 α_{ij}——第 i 层($1 \leqslant i \leqslant n$)第 j 根($1 \leqslant j \leqslant m$)柱临界刚度比系数；

N_{ij}——第 i 层第 j 根柱轴力。

采用钢框架整体抗侧刚度的求法，可将钢框架整体荷载刚度表示为

$$\frac{1}{K_{Pi}}=\frac{1}{k_{P1}}+\frac{1}{k_{P2}}+\cdots+\frac{1}{k_{Pi}} \tag{3.12}$$

式中 K_{Pi}——i 层钢框架的整体荷载刚度($1 \leqslant i \leqslant n$)；

$k_{P1}, k_{P2}, \cdots k_{Pi}$——各层的荷载刚度，按式(3.13)计算：

$$k_{Pi}=\lambda_i\sum_{j=1}^{m}\frac{\alpha_{ij}N_{ij}}{h_i}=\lambda_i N_{\min}\sum_{j=1}^{m}\frac{\alpha_{ij}\xi_{ij}}{h_i} \tag{3.13}$$

式中 λ_i——第 i 层临界因子。

假定各柱的轴力均按比例加载，选取最小轴压力 $N_{\min}$ 作为公因子计算，即 $N_{ij}=\xi_{ij}N_{\min}$，其中 ξ_{ij} 为比例系数。

将式(3.13)代入式(3.12)求得有侧移钢框架各层整体荷载刚度：

$$\frac{1}{K_{Pi}}=\frac{1}{\lambda_i N_{\min}}\left(\frac{1}{\sum_{j=1}^{m}\frac{\alpha_{1j}\xi_{1j}}{h_1}}+\frac{1}{\sum_{j=1}^{m}\frac{\alpha_{2j}\xi_{2j}}{h_2}}+\cdots+\frac{1}{\sum_{j=1}^{m}\frac{\alpha_{ij}\xi_{ij}}{h_i}}\right) \tag{3.14}$$

3.3.2　有侧移钢框架临界承载力计算公式

钢框架结构有侧移失稳表明外荷载将结构抗侧刚度削弱为 0,因此可将有侧移钢框架稳定二阶问题转化为求解钢框架抗侧刚度一阶问题。基于失稳时荷载刚度将结构抗侧刚度削弱为 0 这一原则,可知 $K_i=K_{Pi}$,即$\frac{1}{K_i}=\frac{1}{K_{Pi}}$,则由式(3.9)和式(3.14)可求得有侧移钢框架临界承载力计算表达式为

$$\frac{1}{k_1}+\frac{1}{k_2}+\cdots+\frac{1}{k_i}=\frac{1}{\lambda_i N_{\min}}\left(\frac{1}{\sum_{j=1}^{m}\frac{\alpha_{1j}\xi_{1j}}{h_1}}+\frac{1}{\sum_{j=1}^{m}\frac{\alpha_{2j}\xi_{2j}}{h_2}}+\cdots+\frac{1}{\sum_{j=1}^{m}\frac{\alpha_{ij}\xi_{ij}}{h_i}}\right) \tag{3.15}$$

由式(3.15)可求出有侧移钢框架临界承载力,所求各层的临界因子 λ_i 相等,即各层同时发生失稳而未发生相互支援作用,这种情况在实际工程中很少出现。若不考虑层与层之间的支援作用,而直接按式(3.15)计算有侧移钢框架临界承载力,往往存在较大偏差,可能会造成不合理的设计。

3.3.3　轴力权重与临界力的关系

由于结构刚度是结构的固有特性,结构体系确定,则其结构刚度随之确定。柱上不同的荷载布置引起的只是不同的刚度激活程度,而这种激活程度的大小主要体现在轴力权重比例的变化。

对于图 3.5 所示的单跨双层钢框架,当荷载 N 仅作用在上层柱顶部时,此时轴力图为图 3.5(a),轴力满布于柱全高,此时结构刚度完全被激活,即荷载刚度 $K_P/K_i=1$,无富余刚度;当柱中及柱顶分别作用集中荷载 P_1 和 P_2,逐步变

化上、下层柱墩作用荷载 P_1 和 P_2(存在 $P_1+P_2=N$),上、下层柱轴力分布图为图3.5(b)—图3.5(g),有效刚度会随上柱的轴力权重变化而变化,上层柱满载[图3.5(a)],上半段的全部刚度激活;上层柱空载[图3.5(g)],上层柱的全部刚度未被激活,上层柱的侧移完全来自于下层柱所引起的刚体移动;介于两者之间[图3.5(b)—图3.5(f)]的则部分激活,上层柱的侧移部分来自于下层柱所引起的刚体移动,上层柱的刚度未完全激活。

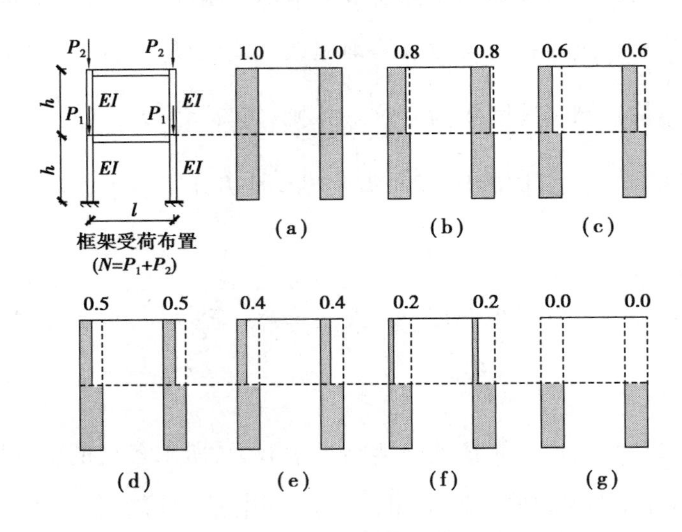

图3.5　单跨双层钢框架轴力图

为展示轴力权重比例变化与结构临界力之间的关系,假定图3.5所示的钢框架横梁线刚度无穷大,分别采用规范计算长度系数法、有限元法与式(3.15)计算方法求得不同情况下的结构临界力,将计算结果列入表3.2中。临界力用无量纲形式表达,即 $P_E=\pi^2 EI/h^2$。

表3.2　不同荷载分布柱临界承载力对比分析

框架类型	P_2/P_1	规范法		ANSYS		式(3.15)	
		N_{cr1}/P_E	N_{cr2}/P_E	N_{cr1}/P_E	N_{cr2}/P_E	N_{cr1}/P_E	N_{cr2}/P_E
7a	1.0/0.0	1.0	1.0	1.0	1.0	1.0	1.0
7b	0.8/0.2	1.0	1.0	1.0	0.8	1.0	0.89

续表

框架类型	P_2/P_1	规范法		ANSYS		式(3.15)	
		N_{cr1}/P_E	N_{cr2}/P_E	N_{cr1}/P_E	N_{cr2}/P_E	N_{cr1}/P_E	N_{cr2}/P_E
7c	0.6/0.4	1.0	1.0	1.0	0.6	1.0	0.80
7d	0.5/0.5	1.0	1.0	1.0	0.5	1.0	0.75
7e	0.4/0.6	1.0	1.0	1.0	0.4	1.0	0.70
7f	0.2/0.8	1.0	1.0	1.0	0.2	1.0	0.60
7g	0.0/1.0	1.0	1.0	1.0	0	1.0	0

由表3.2可以看出,有限元软件ANSYS求得的各种荷载分布下双层钢框架一层临界力相等,主要是因为横梁刚度太大,阻碍了二层对一层提供支援,一层未获得二层的刚度支援;计算长度系数法求得的二层临界力与一层临界力相等,因为该算法随着梁柱线刚度比确定而确定,未考虑荷载分布对刚度的影响,而轴力上、下柱不同分布又引起不同的刚度激活,该方法不能考虑这种情况;式(3.15)将钢框架层临界力集合起来再进行层间分配求得,但也未考虑结构刚度的激活程度,刚度较小的楼层会获得有富余刚度楼层提供的刚度支援,临界力会有所提高,各楼层最终同时失稳,而激活程度的大小主要体现在轴力权重比例的变化。因此,考虑将层临界因子 λ_i 按照轴力权重进行修正,以考虑结构刚度的激活程度。

3.3.4　有侧移钢框架整体稳定承载力计算公式

为了考虑由刚度激活程度不同引起的层与层之间的支援作用,对式(3.15)求出的层临界因子 λ_i 按照层轴力加权平均的方法[10]求出结构整体临界因子 λ,得到按照轴力权重修正的有侧移钢框架临界承载力和计算长度系数计算公式:

$$\frac{1}{k_1}+\frac{1}{k_2}+\cdots+\frac{1}{k_i}=\frac{1}{\lambda_i N_{\min}}\left(\frac{1}{\sum_{j=1}^{m}\frac{\alpha_{1j}\xi_{1j}}{h_1}}+\frac{1}{\sum_{j=1}^{m}\frac{\alpha_{2j}\xi_{2j}}{h_2}}+\cdots+\frac{1}{\sum_{j=1}^{m}\frac{\alpha_{ij}\xi_{ij}}{h_i}}\right) \tag{3.16a}$$

$$\lambda=\sum_{i=1}^{n}N_i\lambda_i/\sum_{i=1}^{n}N_i \tag{3.16b}$$

$$(N_{ij})_{\mathrm{cr}}=\xi_{ij}(\lambda N_{\min}) \tag{3.16c}$$

$$\mu_{ij}=\sqrt{\frac{\pi^2 EI_{ij}}{(N_{ij})_{\mathrm{cr}}h_i^2}} \tag{3.16d}$$

式中 $N_1,N_2,\cdots N_n$——各层轴力之和；

$\lambda_1,\lambda_2,\cdots\lambda_n$——钢框架各层的临界因子，由式(3.16a)求得；

λ——钢框架的整体临界因子，由式(3.16b)求得；

$(N_{ij})_{\mathrm{cr}}$——第 i 层第 j 根柱临界力；

μ_{ij},EI_{ij}——第 i 层第 j 柱的计算长度系数和截面抗弯刚度。

式(3.16a)求得的钢框架层临界因子的最小值所在楼层为薄弱层，对于层临界因子小于结构整体临界因子的楼层，其楼层刚度耗尽，需要获得刚度富余楼层提供的刚度支援，得到支援的楼层临界承载力有所提高，最终达到结构整体稳定临界承载力而共同失稳；对于层临界因子大于结构整体临界因子的楼层，其楼层存在富余刚度，能够为侧向刚度较小楼层提供刚度支援，提供刚度支援的楼层临界力有所降低，最终框架各楼层共同失稳。根据层临界因子与结构整体临界因子的相对大小及比例关系，可以定量地分析钢框架结构层与层之间的支援作用。

3.4 应用算例与比较验证

选取两个算例用有限元软件 ANSYS 进行弹性屈曲分析，以便对本书方法和规范法的计算结果进行比较。ANSYS 求解时梁柱均采用 beam188 单元，节点均为刚接。

3.4.1　算例 1

采用本书方法求解一单跨双层钢框架临界承载力及其计算长度系数，框架的几何参数及节点荷载如图 3.6 所示。

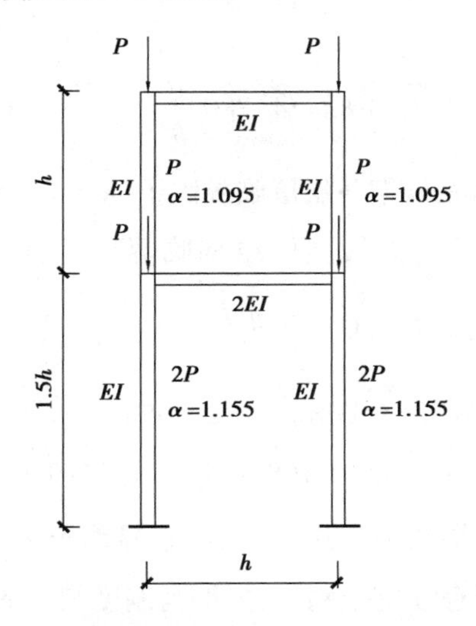

图 3.6　单跨双层钢框架及轴力、临界刚度比系数

1）本书方法

由式（3.7）和式（3.8）求得钢框架层抗侧刚度：

$$k_1=0.486\,\frac{\pi^2 EI}{h^3}$$

$$k_2=1.216\,\frac{\pi^2 EI}{h^3}$$

由式（3.10）求得钢框架层整体抗侧刚度：

$$K_1=0.486\,\frac{\pi^2 EI}{h^3}$$

$$K_2=0.347\,\frac{\pi^2 EI}{h^3}$$

由式(3.4)或查表3.1可以求得双层钢框架上、下层柱的临界刚度比系数：$\alpha_1=1.155$、$\alpha_2=1.095$，将其代入式(3.13)可求得钢框架层荷载刚度：$k_{P_1}=3.081\dfrac{P}{h}$、$k_{P_2}=2.191\dfrac{P}{h}$。

由式(3.14)求得钢框架层整体荷载刚度：

$$K_{P_1}=3.081\frac{P}{h}$$

$$K_{P_2}=1.280\frac{P}{h}$$

由式(3.16a)可求得钢框架各层层临界因子：$\lambda_1=0.158$、$\lambda_2=0.271$。

由式(3.16b)可求得钢框架整体结构临界因子 $\lambda=0.195$，将其代入式(3.16c)可求得临界承载力 $P_{cr}=0.195\dfrac{\pi^2 EI}{h^2}$。

由式(3.16d)可求得：$\mu_1=1.068$、$\mu_2=2.265$。

本算例结构整体临界因子为0.195，一层层临界因子为0.158，该值小于结构整体临界因子，表明该层为薄弱层；二层层临界因子为0.271，该值大于结构整体临界因子，表明该层存在富余刚度，能够为刚度较小的一层提供支援。

2)规范法

查《钢结构设计标准》附录E.0.2表，可求得 $\mu_1=1.712$，$\mu_2=1.313$。

3)有限元软件 ANSYS 求解

使用有限元软件ANSYS求解时，梁柱建模均采用简单的梁单元beam188，节点均为刚接，材料为弹性，即进行的计算是弹性屈曲分析。有限元软件ANSYS求得的精确解为 $\mu_1=1.593$，$\mu_2=2.253$。有限元分析结果如图3.7所示。

为了便于分析对比，将本书方法、规范方法和有限元ANSYS求得的临界力和计算长度系数列于表3.3，其中临界力采用无量纲形式表达，即 $\dfrac{P_{cr}}{P_E}=\dfrac{1}{\mu^2}$，$P_E=\pi^2 EI/h^2$。

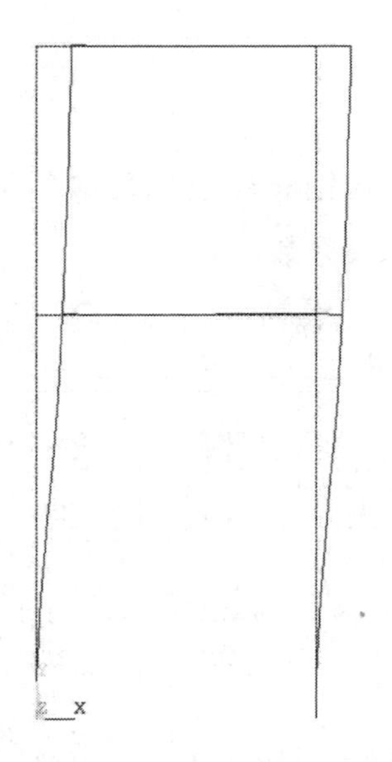

图 3. 7　单跨双层钢框架屈曲模态图

表 3. 3　框架柱临界承载力及计算长度系数对比

柱	分 项	计算长度系数法①	本文方法②	ANSYS ③	①/③	②/③
2 层	P_{cr}/P_E	0. 580	0. 195	0. 197	2. 944	0. 990
	μ	1. 313	2. 264	2. 253	0. 583	1. 005
1 层	P_{cr}/P_E	0. 340	0. 390	0. 394	0. 863	0. 990
	μ	1. 712	1. 601	1. 593	1. 075	1. 005

从表 3. 3 可以看出,本书方法计算的框架柱临界承载力与 ANSYS 计算精确解的比值为 0. 990,计算长度系数之比为 1. 005,吻合程度好,误差很小,而规范计算长度系数法计算结果偏差很大,例如二层柱临界承载力比 ANSYS 计算结果大了 194%,计算长度比 ANSYS 计算结果小了 42%,严重高估了该柱临界承载力,存在安全隐患。这是由于计算长度系数法无法考虑同层柱的柱间支援以及层与层的支援作用,以上结果也证明了本文方法能很好地考虑这两种支援作用。

3.4.2 算例2

以图3.8所示的三跨六层钢框架为例,用本书方法求解结构临界承载力以及图中填充框架柱的计算长度系数。

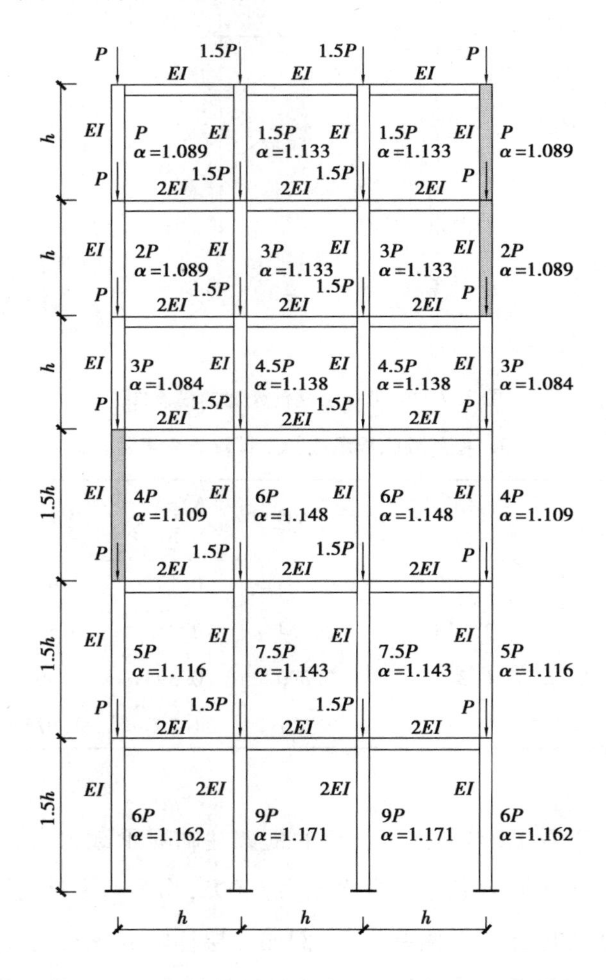

图3.8 三跨六层钢框架及轴力、临界刚度比系数

1)本书方法

①由式(3.7)和式(3.8)可求得钢框架各层抗侧刚度 k_i,根据式(3.10)求

得钢框架整体抗侧刚度 K_i。

②由式(3.4)或查表3.1可以求得双层钢框架上、下层柱的临界刚度比系数 α_1、α_2，代入式(3.13)可求得各层荷载刚度 k_{pi}，由式(3.14)可求得各层整体荷载刚度 K_{pi}。

③由式(3.16a)可求得钢框架各层层临界因子，由式(3.16b)计算整体结构临界因子 λ，随之确定框架柱临界承载力 N_{cr} 和柱计算长度系数，相关计算结果列入表3.4。

2)规范法

查《钢结构设计标准》附录E-2表，可求得各柱临界力 N_{cr} 和计算长度系数 μ，将计算结果列入表3.4。

3)有限元软件ANSYS求解

使用有限元软件ANSYS求解时，梁柱建模均采用简单的梁单元beam188，节点均为刚接，材料为弹性，即进行的计算是弹性屈曲分析。有限元软件ANSYS求得的各柱临界力 N_{cr} 和计算长度系数 μ 如表3.4所示。有限元分析结果如图3.9所示。

将本书方法、规范方法和有限元软件ANSYS的计算结果归纳在表3.4中，对3种方法的计算结果进行比较。

由表3.4可看出，规范计算长度系数法求得的框架柱临界承载力和计算长度系数与有限元ANSYS计算结果相比偏差大，如二层柱临界承载力比ANSYS计算结果小了22%，计算长度比ANSYS计算结果大了13%；四层柱临界承载力比ANSYS计算结果大了185%，计算长度比ANSYS小了41%。这主要是由于传统计算长度系数法无法考虑同层柱的柱间支援及层与层的支援作用，使得得到支援的框架柱临界力计算偏于保守，对于提供支援的框架柱临界力计算又偏于不安全，若采用计算长度系数法可能会造成不合理的设计。本书方法计算框架柱临界承载力与有限元计算结果之比约为1.053，计算长度系数之比约为0.975，吻合程度好，表明本书方法充分考虑了两种支援作用。

表 3.4　框架柱临界承载力及计算长度系数的计算过程与对比结果

楼层	层抗侧刚度 k_i ($^*P_E/h$)	层荷载刚度 k_{pi} ($^*P/h$)	整体抗侧刚度 K_i ($^*P_E/h$)	整体荷载刚度 K_{pi} ($^*P/h$)	层临界因子 λ_1	整体临界因子 λ	$(N_{ij})_{cr}/P_E$			①/③	②/③	μ_{ij}			④/⑥	⑤/⑥
							规范法①	本文方法②	ANSYS③			规范法④	本文方法⑤	ANSYS⑥		
6	2.736	5.577	0.245	2.038	0.120	0.060	0.559	0.060	0.057	9.807	1.053	1.338	4.082	4.189	0.319	0.974
5	2.736	11.154	0.269	3.211	0.084		0.559	0.120	0.114	4.904	1.053	1.338	2.887	2.962	0.452	0.975
4	2.736	16.746	0.299	4.509	0.066		0.733	0.270	0.257	2.852	1.051	1.168	1.925	1.973	0.607	0.976
3	0.926	15.099	0.335	0.171	0.054		0.361	0.240	0.228	1.583	1.053	1.109	1.361	1.396	0.794	0.975
2	0.926	18.870	0.526	10.436	0.050		0.334	0.450	0.428	0.780	1.051	1.153	0.994	1.019	1.132	0.975
1	1.216	23.348	1.216	23.348	0.052		0.743	0.540	0.513	1.448	1.053	1.094	1.283	1.316	0.831	0.975

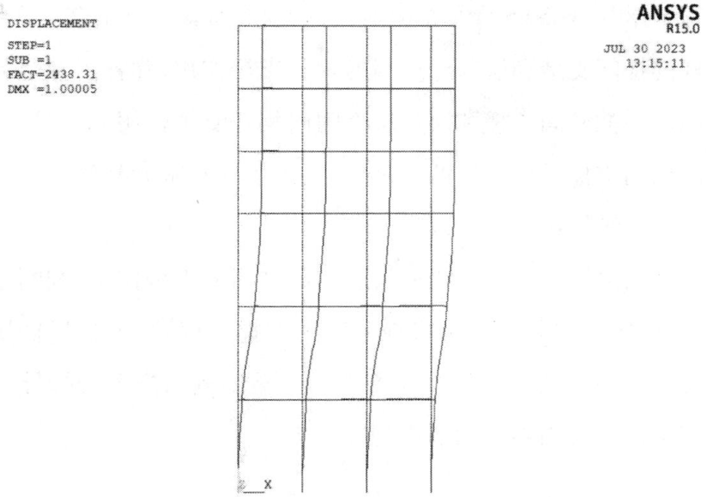

图3.9　三跨六层钢框架屈曲模态图

由表3.4还可以看出，框架层临界因子的最小值所在楼层为第2层，表明该层为结构薄弱层，该层临界因子为0.050，整体结构临界因子 $\lambda=0.060$，该层从刚度富余楼层获得支援，提高了该层结构临界承载力，提高比例为20%；该结构1—3层临界因子均小于结构整体临界因子，表明该3层结构无富余刚度，需要刚度较大的楼层提供刚度支援，临界承载力提升比例分别为15%、20%和11%；4—6层临界因子大于结构整体临界因子，表明该3层结构有富余刚度，可为刚度较小的楼层提供支援，临界承载力有所降低，其中第6层富余刚度程度最高，但由于该层轴力小，刚度的激活程度低，对薄弱层的支援有限。

3.5　本章小结

①基于弹簧-摇摆柱模型阐述了有侧移框架结构失稳的物理意义，通过结构转换的方法，采用临界刚度比系数将求解钢框架整体稳定临界承载力的二阶计算转化为确定框架整体抗侧刚度的一阶问题。

②利用解析方法推导了有侧移钢框架整体稳定临界承载力的计算公式，将

该式的计算结果与 ANSYS 计算结果对比,验证表明该公式有较高的精度,且能考虑同层柱的柱间支援和层与层之间的相互支援作用,弥补了规范方法目前还不能考虑同层柱的柱间支援和层与层之间的相互支援作用的不足,可很好地考虑同层柱的柱间支援及层与层的支援作用,为校核有限元整体稳定计算结果的可靠性提供了一种解析验证手段。

③本书方法能够定量计算钢框架层与层之间的支援作用,判断结构薄弱层所在位置,可以定量地分析楼层临界承载力的提高程度,为分析框架结构层与层之间的支援作用提供了一种计算方法。本书还运用挠度法推导了可直接求解单层和多层框架的临界力的解析公式。

本章参考文献

[1] 兰树伟,周东华,双超,等. 有侧移框架临界承载力的实用计算方法[J]. 振动与冲击,2019,38(11):180-187,202.

[2] 中华人民共和国住房和城乡建设部. 钢结构设计标准(GB 50017—2017)[S]. 北京: 中国建筑工业出版社, 2018.

[3] 童根树. 钢结构的平面内稳定[M]. 北京:中国建筑工业出版社,2005.

[4] 朱杰江,王颖,王振波. 框架结构的等效剪切刚度[J]. 河海大学常州分校学报,2001,(1):15-18.

[5] 曾宪桃, 樊友景. 结构力学(上册)[M]. 郑州:郑州大学出版社,2008.

[6] Adolf Lubbertus Bouma. Mechanik schlanker Tragwerke: ausgewählte beispiele der praxis[M]. Springer-Verlag Berlin Heidelberg,1993.

[7] 包世华. 新编高层建筑结构[M]. 3 版. 北京:中国水利水电出版社,2013.

[8] 郝际平,田炜烽,王先铁. 多层有侧移框架整体稳定的简便计算方法[J]. 建筑结构学报,2011,32(11):183-188.

[9] 兰树伟,周东华,双超,等. 一种计算框架-剪力墙临界承载力的解析法[J].

振动与冲击,2020,39(19):48-54,77.

[10] 兰树伟,周东华,陈旭,等. 基于轴力权重的有侧移钢框架整体稳定性的实用算法[J]. 振动与冲击,2023,42(2):149-156.

第 4 章　基于轴力面积比法计算有侧移钢框架整体稳定

在计算钢框架结构整体稳定性时，人们总希望能有简单便于运用的框架临界力计算公式。第 3 章已经阐明《钢结构设计标准》给出的确定框架柱计算长度系数表格[1]无法考虑同层柱之间的相互支援以及上下层柱间的支援作用，通常情况下与精确解相比有较大的误差，其计算长度系数对于得到支援的柱过于保守，对于提供支援的柱偏于危险。基于轴力权重计算有侧移钢框架稳定承载力的方法求解框架临界承载力虽能考虑这两种支援作用，由于需要逐根构件确定临界刚度比系数，还需要将楼层抗侧刚度和荷载刚度进行整体组装，对于杆件数量很多的框架结构应用不便。本章将受压柱刚度激活程度原理扩展运用到有侧移钢框架结构上，提供了一种确定有侧移钢框架临界承载力的解析算法，给出了直接计算有侧移钢框架临界承载力的计算公式，无须建立和求解超越方程，也不需要建立双柱式高墩桥梁结构的总势能方程，还可以避免基于轴力权重计算有侧移钢框架稳定承载力的方法引起的逐根构件计算，这对于确定杆件众多的钢框架临界承载力更为方便。有文献[2]研究了双柱单跨框架层与层之间的相互支援作用，给出了两层框架柱端转动约束的一元二次方程，求得了两层框架柱计算长度系数的精确解，并提出了三层及多层框架的求解方法。但对于四层框架，求解方程组已十分困难，需要求解众多参数和求解复杂的代数方程。还有文献[3]以计算长度系数法为基础，利用等效负刚度的概念对多层框架整体稳定进行计算,计算公式冗长复杂,且该法求解精度受比例加载限制。

本章从受压柱刚度激活程度出发,研究了轴力面积大小对非规则双层双柱式钢框架结构临界力的影响,找到了一些规律。基于这些规律寻求计算有侧移钢框架临界承载力的简便实用计算方法,可为工程应用提供理论基础,使用该法计算有侧移钢框架临界承载力也有很好的精度,适用于任意节点荷载的分布,可供工程设计使用。

4.1 轴力面积比法的基本原理

双柱式钢框架结构有侧移失稳表明外荷载将结构抗侧刚度削弱为0,因此可将结构有侧移稳定二阶问题转化为结构刚度一阶问题[4]。结构刚度是结构的固有特性,结构体系确定,则其结构刚度随之确定。框架柱上不同的荷载布置引起的不同的刚度激活程度,而这种激活程度的大小主要体现在轴力面积的大小[5-6]。

对于图4.1所示的双层双柱钢框架结构,当荷载N仅作用在框架柱顶部时,该结构为规则体系,此时轴力图如图4.1(a)所示,轴力满布于框架柱全高,结构刚度完全被激活。当柱中及柱顶分别作用集中荷载P_1和P_2时,结构为非规则体系,逐步变化上、下层框架柱作用荷载P_1和P_2(存在$P_1+P_2=N$),上、下层框架柱轴力分布图如图4.1(b)—图4.1(f)所示,有效刚度随上柱的轴力面积变化而变化。上层柱满载时[图4.1(a)],上半段的全部刚度激活;上层柱空载时[图4.1(f)],上层柱的全部刚度未被激活,上层柱的侧移完全来自于下层柱引起的刚体移动;介于两者之间时[图4.1(b)—图4.1(e)],则部分激活,上层柱的侧移部分来自于下层柱引起的刚体移动,上层柱的刚度未完全激活。

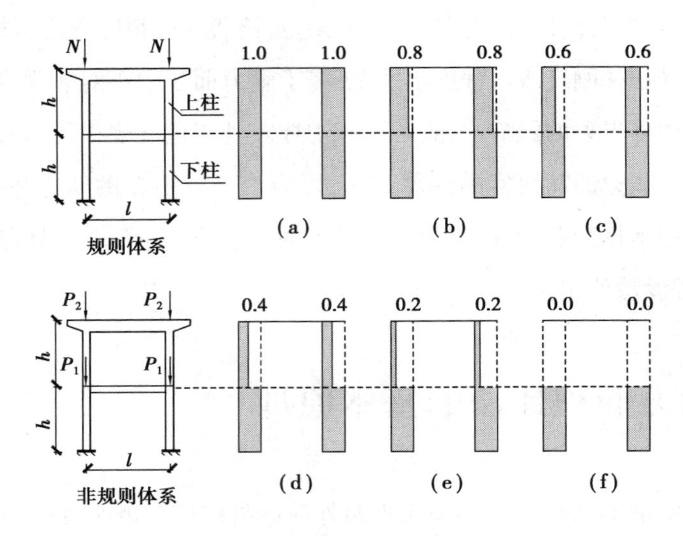

图 4.1　双层双柱钢框架轴力图

由图 4.1 可知,刚度的激活程度与轴力面积大小有关。为定量地考虑这种刚度激活程度,引入激活程度系数 β,取为非规则轴力面积与规则轴力面积的比值,即

$$\beta=\frac{P_1+2P_2}{2(P_1+P_2)} \tag{4.1}$$

由于结构体系确定,则结构刚度随之确定,不同的荷载布置引起的只是不同的刚度激活程度。因此,规则框架刚度与激活程度系数 β 的乘积即为非规则框架体系刚度,即规则体系轴力面积×激活程度系数 β=非规则体系轴力面积,如式(4.2)所示:

$$2P_{cr}\cdot 2h\cdot\beta=P_{cr1}h+P_{cr2}\cdot 2h \tag{4.2}$$

由式(4.2)可求得双层双柱钢框架结构上、下柱临界力:

$$P_{cr1}=\frac{P_{cr}\beta}{0.5+P_2/P_1}$$
$$P_{cr2}=\frac{P_{cr}\beta}{1+0.5P_1/P_2} \tag{4.3}$$

式中　P_{cr1}、P_{cr2}——下层柱、上层柱的临界荷载;

P_{cr}——规则双柱式钢框架体系临界荷载,可由式(4.4)求得[7]。

$$P_{cr}=\frac{\pi^2 EI}{h^2}\cdot\frac{R_1+R_2+7.5R_1R_2}{1.52+4(R_1+R_2)+7.5R_1R_2} \tag{4.4}$$

式中　R_1、R_2——框架柱上、下端横梁线刚度之和与柱线刚度之比;

EI——框架柱抗弯刚度。

综上分析,轴力面积比法的基本原理是,不同的轴力面积引起不同程度的刚度激活,利用这种激活程度计算可将复杂的多层双柱式钢框架整体结构的临界力求解转化为简单的轴力面积代数计算。

4.2　轴力面积比法求解双柱式钢框架临界力

下面分别对轴力面积比法求解双层、三层及多层双柱式钢框架结构临界力的解析近似计算公式的推导进行介绍。

4.2.1　双层钢框架临界力计算

为了接近实际情况,图 4.2(b)所示的设有双层双柱钢框架结构的各节点荷载和层高均可不同,即 $P_1=\xi_1 P$,$P_2=\xi_2 P$,$P_3=\xi_3 P$,$P_4=\xi_4 P$。

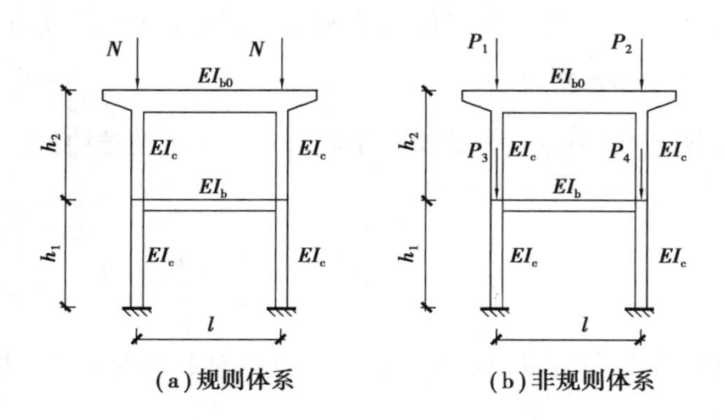

图 4.2　双层双柱钢框架

与规则体系[图4.2(a)]相比,非规则体系[图4.2(b)]下层柱满载(刚度全部激活),上层柱未满载(刚度部分激活),激活程度系数β为非规则体系轴力面积与规则体系轴力面积的比值:

$$\beta=\frac{(\xi_3+\xi_4)h_1+(\xi_1+\xi_2)(h_1+h_2)}{(\xi_1+\xi_2+\xi_3+\xi_4)(h_1+h_2)} \tag{4.5}$$

由于规则体系轴力面积×激活程度系数β=非规则体系轴力面积,可得

$$2N_{cr}(h_1+h_2)\beta=\lambda P[(\xi_3+\xi_4)h_1+(\xi_1+\xi_2)(h_1+h_2)] \tag{4.6}$$

由式(4.6)可求得双层双柱式钢框架结构整体稳定承载力的计算公式:

$$\lambda=\frac{2N_{cr}(h_1+h_2)\beta/P}{(\xi_3+\xi_4)h_1+(\xi_1+\xi_2)(h_1+h_2)} \tag{4.7a}$$

$$(N_{ij})_{cr}=\lambda N_{ij} \tag{4.7b}$$

式中 λ——结构整体稳定系数;

$(N_{ij})_{cr}$——第i层第j根框架柱的临界力;

N_{ij}——第i层第j根框架柱的轴力;

N_{cr}——规则双柱钢框架体系临界力,可由式(4.4)求得。

4.2.2 三层钢框架临界力计算

对于图4.3(b)所示的三层双柱钢框架结构,各层节点荷载均可不同,即$P_1=\xi_1P,P_2=\xi_2P,P_3=\xi_3P$。

三层双柱钢框架结构求解原理类似于双层双柱钢框架结构,其激活程度系数β为

$$\beta=\frac{(\xi_1+\xi_2+\xi_3)h_1+(\xi_2+\xi_3)h_2+\xi_3h_3}{(\xi_1+\xi_2+\xi_3)(h_1+h_2+h_3)} \tag{4.8}$$

同样利用规则体系[图4.3(a)]轴力面积×激活程度系数β=非规则体系[图4.3(b)]轴力面积,可得

$$2N_{cr}(h_1+h_2+h_3)\beta=2\lambda P[(\xi_1+\xi_2+\xi_3)h_1+(\xi_2+\xi_3)h_2+\xi_3h_3] \tag{4.9}$$

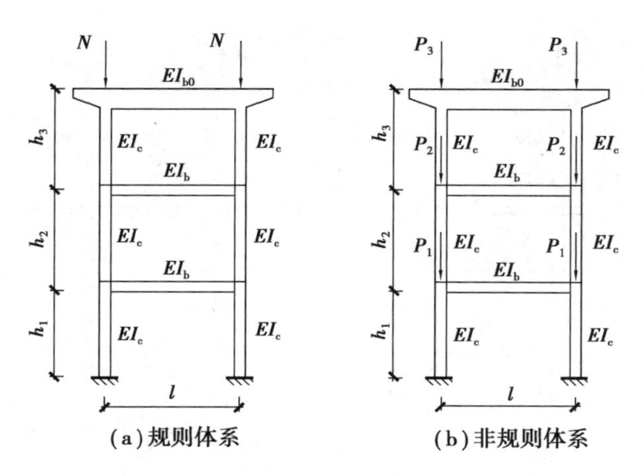

图4.3　三层双柱钢框架

由式(4.9)可求得三层双柱式钢框架结构整体稳定承载力的计算公式：

$$\lambda=\frac{N_{cr}(h_1+h_2+h_3)\beta/P}{(\xi_1+\xi_2+\xi_3)h_1+(\xi_2+\xi_3)h_2+\xi_3h_3} \tag{4.10a}$$

$$(N_{ij})_{cr}=\lambda N_{ij} \tag{4.10b}$$

由式(4.10)还可得到柱的计算长度系数计算式：

$$\mu_{ij}=\sqrt{\frac{\pi^2 EI_{ij}}{(N_{ij})_{cr}h_i^2}} \tag{4.11}$$

式中　I_{ij}——第 i 层第 j 根框架柱的惯性矩。

4.2.3　多层钢框架临界力计算

对于图4.4(b)所示的多层双柱钢框架结构，各层节点荷载均可不同，即 $P_1=\xi_1P, P_2=\xi_2P, P_i=\xi_iP, P_n=\xi_nP$。

将本书计算方法推广到 n 层双柱式钢框架结构，此时的激活程度系数 β 为

$$\beta=\frac{\sum_{i=1}^{n}\xi_i h_1+\sum_{j=i}^{n}\xi_j h_i+\xi_n h_n}{H\sum_{i=1}^{n}\xi_i} \tag{4.12}$$

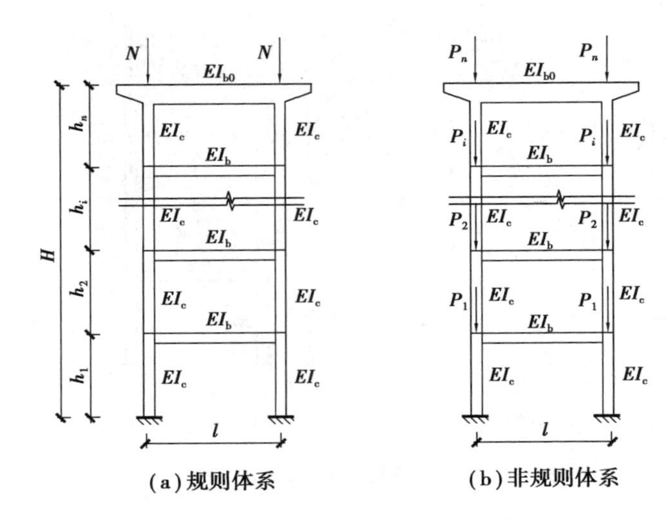

图 4.4　多层双柱钢框架

因为规则体系[图 4.4(a)]轴力面积×激活程度系数 β=非规则体系[图 4.4(b)]轴力面积,可得:

$$2N_{\mathrm{cr}}H\beta = 2\lambda P\left(\sum_{i=1}^{n}\xi_i h_1 + \sum_{j=i}^{n}\xi_j h_i + \xi_n h_n\right) \tag{4.13}$$

由式(4.13)可求得多层双柱钢框架结构整体稳定承载力的计算公式:

$$\lambda = \frac{N_{\mathrm{cr}}H\beta}{P\left(\sum_{i=1}^{n}\xi_i h_1 + \sum_{j=i}^{n}\xi_j h_i + \xi_n h_n\right)} \tag{4.14a}$$

$$(N_{ij})_{\mathrm{cr}} = \lambda N_{ij} \tag{4.14b}$$

4.3　应用算例与比较验证

前文推导的双柱有侧移钢框架结构整体稳定承载力的计算公式不仅能考虑左、右框架柱节点荷载不同引起的同层柱相互支援作用,还能考虑各层框架柱之间的相互支援作用。若用《钢结构设计标准》附录 E 的表格来确定双柱有侧移钢框架柱计算长度系数是不能考虑这些特性的,会导致不安全及过于保守的情况出现[7-8]。为了展示这种差别，下文选取 3 个算例，用本文方法和规范方法进行计算和比较，同时也用有限元软件 ANSYS 进行弹性屈曲分析计算，以便对两种方法的计算结果进行比较。

4.3.1　算例 1

对于图 4.5 所示的单跨双层钢框架，各节点的荷载均不相同，用本书提出的轴力面积比法求解其临界承载力以及计算长度系数。

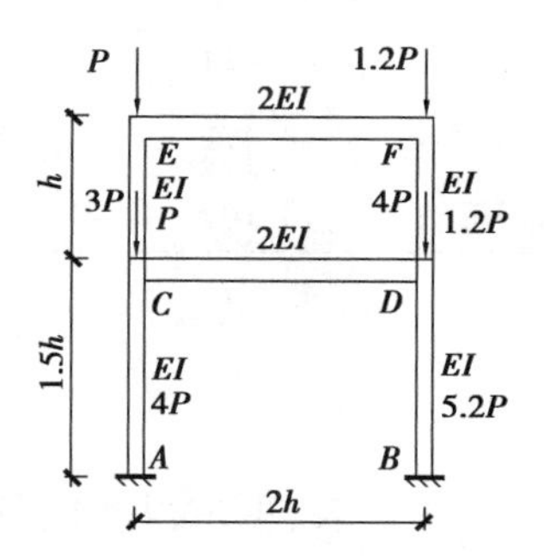

图 4.5　单跨双层钢框架

1）本书方法

①由式(4.4)计算各层柱墩的临界承载力再进行平均求得规则体系临界力：

$$N_{cr}=0.384\frac{\pi^2 EI}{h^2}$$

②将已知荷载代入式(4.5)可求得激活程度系数 $\beta=0.695$。

③由式(4.7)求得各层各框架柱临界力，并由式(4.11)计算柱计算长度系数，将计算结果列入表 4.1。

为了便于比较，采用无量纲形式[9]的临界力进行比较，即 $\frac{P_{cr}}{P_E}=\frac{1}{\mu^2}P_E$、$P_E=\frac{\pi^2 EI}{h^2}$，计算结果见表 4.1。

表 4.1　框架柱临界承载力及计算长度系数对比结果

柱	分项 $P_E=\pi^2 EI/h^2$	规范法 ①	本书方法 ②	ANSYS ③	①/③	②/③
AC	P_{cr}/P_E	0.278	0.332	0.320	0.869	1.038
BD		0.278	0.432	0.416	0.669	1.038
CE		0.491	0.083	0.080	6.138	1.038
DF		0.491	0.100	0.096	5.115	1.042
AC	μ	1.265	1.157	1.179	1.073	0.981
BD		1.265	1.014	1.034	1.223	0.981
CE		1.427	3.471	3.535	0.404	0.982
DF		1.427	3.162	3.227	0.442	0.980

2）**规范法**

查《钢结构设计标准》附录 E-2 表，可求得各层各柱临界力 N_{cr} 和计算长度系数 μ，将计算结果列入表 4.1。

3）**有限元软件 ANSYS 求解**

使用有限元软件 ANSYS 求解时，梁柱建模均采用简单的梁单元 beam3，节点均为刚接，材料为弹性，即进行的计算是弹性屈曲分析。有限元软件 ANSYS 求得的各层各柱临界力 N_{cr} 和计算长度系数 μ 见表 4.1，软件分析结果如图 4.6 所示。

从表 4.1 可以看出，轴力面积比法计算结果与有限元软件 ANSYS 计算结果对比误差小，均在 4.2% 以内，表明轴力面积比法充分考虑了同层框架柱的相互支援及层与层之间的支援作用。规范计算结果与有限元软件 ANSYS 计算结果对比偏差很大，如 *CE* 柱墩临界力是 ANSYS 计算结果的 6.138 倍，严重高估了 *CE* 柱墩的临界力，极为不安全。

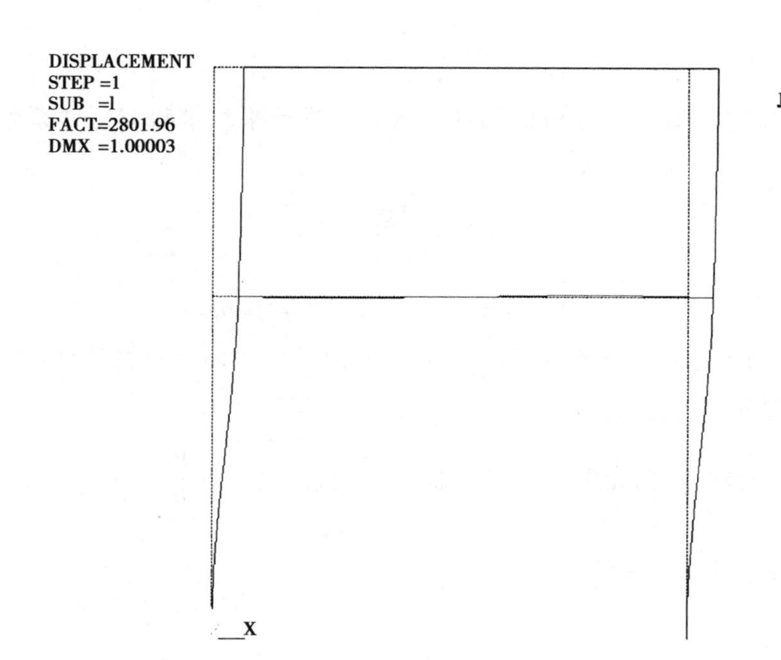

图4.6　双跨单层框架屈曲模态图

4.3.2　算例2

对于图4.7所示的单跨三层钢框架结构,各节点的荷载均不相同,用本书的轴力面积比法求解其临界承载力以及计算长度系数。

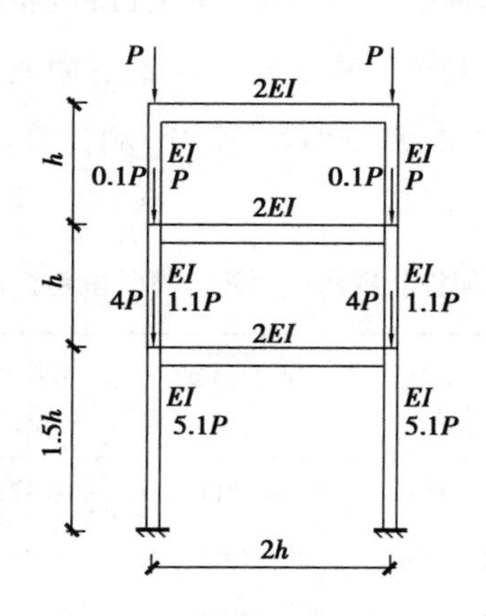

图4.7　单跨三层钢框架

1)本书方法

①由式(4.4)计算各层柱墩的临界承载力再进行平均求得规则体系临界力:

$$N_{cr}=0.363\frac{\pi^2 EI}{h^2}$$

②将已知荷载代入式(4.8)可求得激活程度系数$\beta=0.695$。

③由式(4.10)求得各层各框架柱临界力,并由式(4.11)计算柱计算长度系数,将计算结果列入表4.2。

为了便于比较,采用无量纲形式的临界力进行比较,即$\frac{P_{cr}}{P_E}=\frac{1}{\mu^2}P_E$、$P_E=\frac{\pi^2 EI}{h^2}$,主要计算结果见表4.2。

2)规范法

查《钢结构设计标准》附录E-2表,可求得各层各柱临界力N_{cr}和计算长度系数μ,将计算结果列入表4.2。

3)有限元软件ANSYS求解

使用有限元软件ANSYS求解时,梁柱建模均采用简单的梁单元beam3,节点均为刚接,材料为弹性,即进行的计算是弹性屈曲分析。有限元软件ANSYS求得的各柱临界力N_{cr}和计算长度系数μ见表4.2,有限元分析结果如图4.8所示。

将本书方法、规范法和有限元软件ANSYS的计算结果归纳在表4.2中,将3种方法的计算结果进行比较。

表4.2 框架柱临界承载力及计算长度系数对比结果

柱	分项 $P_E=\pi^2 EI/h^2$	规范法 ①	本书方法 ②	ANSYS ③	①/③	②/③
一层	P_{cr}/P_E	0.278	0.383	0.372	0.747	1.030
二层		0.410	0.083	0.080	5.125	1.038
三层		0.466	0.075	0.073	6.384	1.028

续表

柱	分项 $P_E = \pi^2 EI/h^2$	规范法 ①	本书方法 ②	ANSYS ③	①/③	②/③
一层		1. 265	1. 077	1. 093	1. 157	0. 985
二层	μ	1. 562	3. 471	3. 535	0. 442	0. 982
三层		1. 465	3. 651	3. 701	0. 396	0. 986

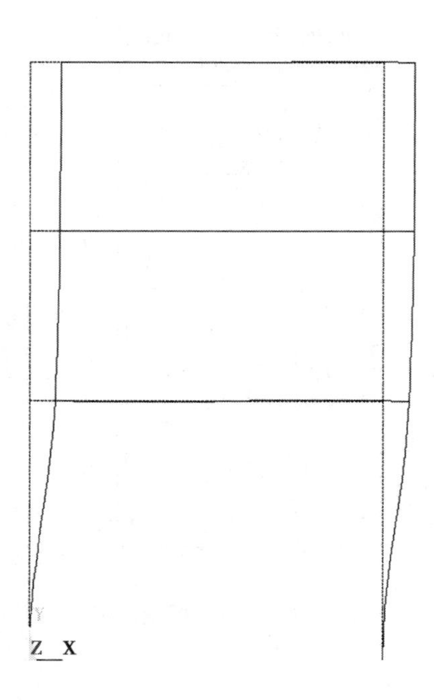

图 4. 8　单跨三层框架屈曲模态图

从表 4. 2 可以看出,轴压面积比法计算结果与有限元软件 ANSYS 计算结果对比误差小,均在 4% 以内,表明轴压面积比法充分考虑了同层柱之间的相互支援及层与层之间的支援作用。规范计算结果与有限元软件 ANSYS 计算结果对比偏差很大,如三层框架柱临界力是 ANSYS 计算结果的 6. 384 倍,严重高估了该层框架柱的临界力,极为不安全。

4.3.3 算例3

对于图4.9所示的单跨五层钢框架结构,各层节点的荷载均不相同,用本书轴力面积比法求解其临界承载力以及计算长度系数。

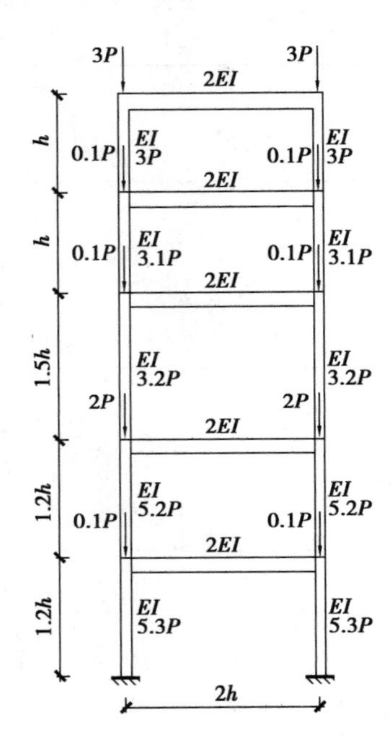

图4.9　单跨五层钢框架

1)本书方法

①由式(4.4)计算各层柱墩的临界承载力,再进行平均求得规则体系临界力:

$$N_{cr}=0.363\frac{\pi^2 EI}{h^2}$$

②将已知荷载代入式(4.12)可求得激活程度系数β=0.752。

③由式(4.14)求得各层各框架柱临界力,并由式(4.11)计算柱计算长度系数,将计算结果列入表4.3。

为了便于比较，采用无量纲形式的临界力进行比较，即$\frac{P_{cr}}{P_E}=\frac{1}{\mu^2}P_E$、$P_E=\frac{\pi^2 EI}{h^2}$，主要计算结果见表 4.3。

表 4.3　框架柱临界承载力及计算长度系数对比结果

柱	分项 $P_E=\pi^2 EI/h^2$	规范法 ①	本书方法 ②	ANSYS ③	①/③	②/③
一层		0.434	0.364	0.374	1.160	0.973
二层		0.309	0.357	0.367	0.842	0.973
三层	P_{cr}/P_E	0.198	0.220	0.226	0.876	0.973
四层		0.410	0.213	0.219	1.872	0.973
五层		0.466	0.206	0.212	2.198	0.972
一层		1.265	1.381	1.363	0.928	1.013
二层		1.499	1.395	1.376	1.089	1.014
三层	μ	1.499	1.421	1.402	1.069	1.014
四层		1.562	2.167	2.137	0.731	1.014
五层		1.465	2.203	2.172	0.674	1.014

2）**规范法**

查《钢结构设计标准》附录 E.0.2 表，可求得各层各柱临界力 N_{cr} 和计算长度系数 μ，将计算结果列入表 4.3。

3）**有限元软件 ANSYS 求解**

有限元软件 ANSYS 弹性屈曲分析求得的各柱临界力 N_{cr} 和计算长度系数 μ 见表 4.3，有限元分析结果如图 4.10 所示。

为了便于对 3 种方法的计算结果进行比较，将本书方法、规范法和有限元软件 ANSYS 的计算结果归纳在表 4.3 中。

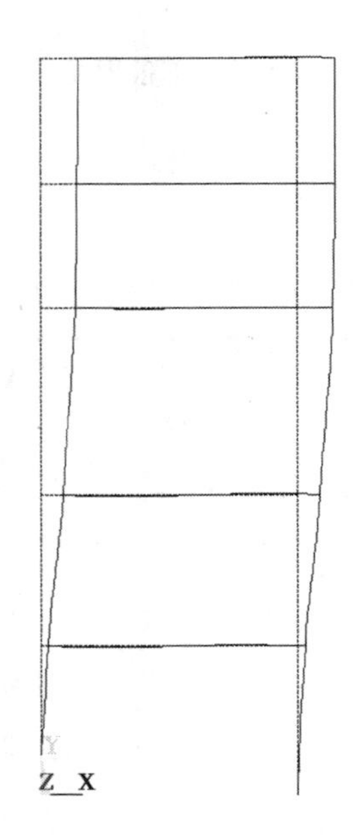

图 4.10　单跨五层框架屈曲模态图

从表 4.3 可看出,本书方法的计算结果与 ANSYS 计算结果对比误差同样很小,均在 3% 以内,而规范计算结果偏差仍很大,如五层框架柱临界力是 ANSYS 计算结果的 2.198 倍,同样高估了五层框架柱的临界力,是不安全的。

4.4　本章小结

①本章分析了受压柱刚度的激活程度,研究了轴力面积对非规则双层双柱式钢框架结构临界力的影响,找到了一些规律,将双柱式钢框架结构临界力的求解转化为以规则框架为基准的轴力面积简单代数运算。

②基于轴力面积比法推导了框架整体稳定临界承载力的计算公式,可很好地考虑同层柱的柱间支援及层与层之间的支援作用,弥补了目前规范计算长度系数法无法考虑这两种支援作用的不足。

③本章提出的轴力面积比方法可方便地计算出有侧移钢框架的临界承载

力,且精度较高,避免了有限元进行整体屈曲分析以及传统计算长度系数法逐根构件计算的不便,可供工程设计使用。

本章参考文献

[1] 中华人民共和国住房和城乡建设部. 钢结构设计标准(GB 50017—2017)[S]. 北京: 中国建筑工业出版社,2018.

[2] 童根树. 钢结构的平面内稳定[M]. 北京:中国建筑工业出版社,2005.

[3] 郝际平,田炜烽,王先铁. 多层有侧移框架整体稳定的简便计算方法[J]. 建筑结构学报,2011,32(11):183-188.

[4] 兰树伟,周东华,双超,等. 有侧移框架临界承载力的实用计算方法[J]. 振动与冲击,2019,38(11):180-186,202.

[5] LOHSE, GUNTHER. Einfuhrung in das knicken und kippen[M]. Werner-Verlag GmbH-Düsseldorf,1983.

[6] ADOLF LUBBERTUS BOUMA. Mechanik schlanker Tragwerke: ausgewählte beispiele der praxis[M]. Springer-Verlag Berlin Heidelberg,1993.

[7] 耿旭阳,周东华, 陈旭, 等. 确定受压柱计算长度的通用图表[J]. 工程力学,2014,31(8):154-160,174.

[8] 兰树伟,周东华,双超. 基于挠度法的有侧移框架临界力计算方法[J]. 华中科技大学学报(自然科学版),2019,47(5):122-127.

[9] 双超,周东华,兰树伟, 等. 有侧移框架临界力的简便计算方法[J]. 华中科技大学学报(自然科学版),2019,47(8):55-59.

第5章　强支撑无侧移钢框架整体稳定承载力的解析算法

强支撑钢框架往往发生的是无侧移失稳，目前主要采用计算长度系数法[1-4]解析计算强支撑无侧移钢框架整体稳定。该法利用《钢结构设计标准》[5]确定框架柱计算长度系数，校核逐根构件计算结构的整体稳定性，避免了对结构进行整体屈曲分析，但该法是在理想化假定条件下进行求解，未能计入同层柱之间的支援及层与层之间的支援作用，因此可能会造成不合理的设计。文献[6-7]研究了无侧移框架层与层之间的支援作用，通过分析框架柱端约束给出了二层和三层无侧移框架临界承载力的计算方法，但该法需要求解众多参数和计算复杂的二次和三次方程。文献[8]通过分析无侧移框架柱中力与柱顶力之间的等效关系，并将柱中力折算到柱顶，利用规范计算长度系数表格求解无侧移框架整体稳定。文献[9-10]研究了均布荷载和柱顶集中荷载作用下单层无侧移刚架的整体稳定，给出了单层弱梁与单层弱柱刚架的判别公式，利用转角位移法推导了单层无侧移刚架整体稳定承载力计算公式。本章揭示了无侧移框架同层柱之间的相互支援及层与层之间的支援规律，利用结构转换的办法建立了轴向载荷和框架柱抗侧刚度之间的关系，通过分析无侧移框架特征结构单元，按照层轴力加权平均的方法计算无侧移框架整体稳定承载力。该法无须迭代求解复杂的超越特征方程，也无须求解冗长的总势能方程，能够很好地考虑无侧移框架同层柱之间及层与层之间的支援作用，使得强支撑无侧移钢框架结构整体稳定临界承载力的求解大为简化，计算快速方便，且具有较高的计算精度，可供工程设计和理论计算使用。

5.1　无侧移钢框架的支援作用

钢框架结构中，同层柱之间及层与层之间存在相互支援作用是一种客观存在的规律。目前关于这两种支援作用的研究主要集中在有侧移框架[11-14]，对于无侧移钢框架，这两种支援作用如何体现还有待进一步研究。

5.1.1　无侧移钢框架的同层柱之间的支援作用

为更好地展示无侧移钢框架同层柱之间的相互支援，建立图 5.1 所示的单层单跨无侧移框架，梁柱断面均为 HW200×200×8×12，$E=2.06\times10^4$ kN/cm^2，$I_x=4\ 720$ cm^4，荷载 $P=1\ 000$ kN，$P_1+P_2=2P$，分别利用规范计算长度系数法和有限元软件 ANSYS 计算无侧移钢框架柱临界承载力，将计算结果列入表 5.1。

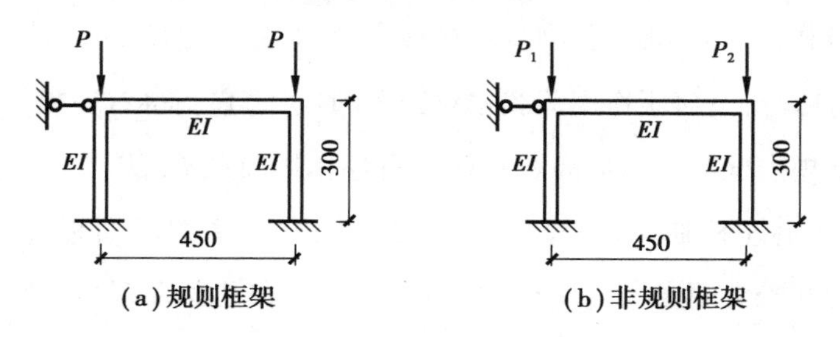

图 5.1　单层单跨无侧移钢框架

表 5.1　规则与非规则无侧移钢框架的临界承载力对比分析

框架类型	P_1/P_2	①计算长度系数法/kN		②ANSYS/kN		|①-②|/②	
		P_{cr1}	P_{cr2}	P^*_{cr1}	P^*_{cr2}	左柱	右柱
规则	1.0/1.0	24 552	24 552	25 670	25 670	0.044	0.044
非规则	1.8/0.2	24 552	24 552	27 992	3 110	0.123	6.894

续表

框架类型	P_1/P_2	①计算长度系数法/kN		②ANSYS/kN		|①-②|/②	
		P_{cr1}	P_{cr2}	P_{cr1}^*	P_{cr2}^*	左柱	右柱
非规则	1. 6/0. 4	24 552	24 552	27 938	6 985	0. 121	2. 515
非规则	1. 5/0. 5	24 552	24 552	27 897	9 299	0. 120	1. 640
非规则	1. 4/0. 6	24 552	24 552	27 836	11 929	0. 118	1. 058
非规则	1. 2/0. 8	24 552	24 552	27 562	18 375	0. 109	0. 336
非规则	1. 1/0. 9	24 552	24 552	27 138	19 737	0. 095	0. 244

从表 5. 1 可以看出,使用规范计算长度系数法计算无侧移单跨单层规则框架,即左、右柱荷载相等时,框架临界承载力误差较小,这主要是由于左、右框架柱刚度和作用荷载均相等,屈曲时横梁两端转角相等,左、右柱之间未发生支援。对于非规则框架,即左、右柱荷载不相等时,屈曲时横梁两端转角不相等,对于作用荷载较小的右柱,其刚度存在富余,它对左柱提供支援,临界力相较于规则框架有所降低;对于作用荷载相对较大的左柱,它获得右柱提供的支援,临界力相较于规则框架有所提高。左柱与右柱作用荷载 P_1/P_2 从 9 变化为 1. 22 时,获得支援的左柱临界力提高值从 12. 3% 变化至 9. 5% ,可以发现右柱提供的支援作用并未大幅度提高左柱的临界力,即使右柱存在很大的富余刚度,如作用荷载 P_1/P_2 =9. 0,右柱临界力仅为 3 110 kN,富余程度很大,但此时仍未大幅度提高左柱临界承载力,仅提高了 12. 3% 。大量的算例表明:无侧移框架同层柱之间的支援作用不明显,这主要因为由横梁两端转角不同引起的同层柱之间的支援不会大幅度提高无侧移框架柱临界力;规范计算长度系数法是基于同层各横梁两端转角相等方向相反进行计算的,因此无法考虑同层柱之间的相互支援。

5.1.2　无侧移钢框架的层间支援作用

为更好地展示无侧移钢框架的层间支援作用，建立图 5.2 所示的单跨双层无侧移框架，梁柱断面均为 HW200×200×8×12，$E=2.06\times10^4\ \text{kN/cm}^2$，$I_x=4\ 720\ \text{cm}^4$，荷载 $P=1\ 000\ \text{kN}$，$P_1+P_2=2P$，分别利用规范计算长度系数法和有限元软件 ANSYS 计算无侧移框架柱临界承载力，将计算结果列入表 5.2。

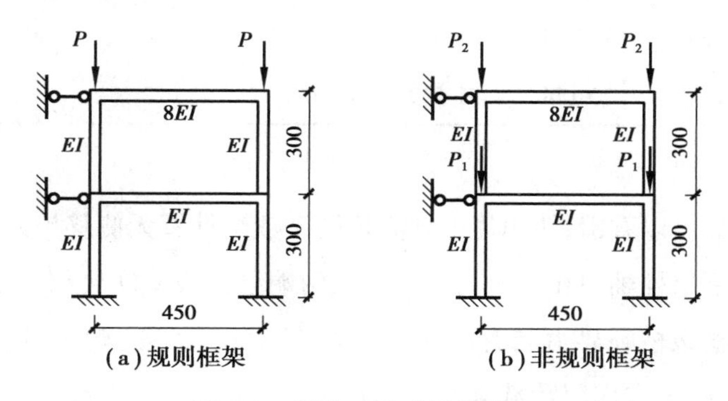

图 5.2　单跨双层无侧移框架

表 5.2　规则与非规则无侧移钢框架的临界承载力对比分析

框架类型	P_1/P_2	①计算长度系数法/kN		②ANSYS/kN		|①-②|/②	
		N_{cr1}	N_{cr2}	N^*_{cr1}	N^*_{cr2}	上柱	下柱
规则	2.0/0.0	20 174	21 699	21 970	21 970	0.082	0.012
非规则	1.8/0.2	20 174	21 699	20 979	23 310	0.038	0.069
非规则	1.6/0.4	20 174	21 699	19 736	24 670	0.022	0.120
非规则	1.5/0.5	20 174	21 699	19 005	25 340	0.061	0.144
非规则	1.4/0.6	20 174	21 699	18 197	25 996	0.109	0.165
非规则	1.2/0.8	20 174	21 699	16 342	27 326	0.234	0.206
非规则	1.0/1.0	20 174	21 699	14 176	29 432	0.423	0.263
非规则	0.8/1.2	20 174	21 699	11 731	29 328	0.720	0.260

续表

框架类型	P_1/P_2	①计算长度系数法/kN		②ANSYS/kN		|①-②|/②	
		N_{cr1}	N_{cr2}	N_{cr1}^*	N_{cr2}^*	上柱	下柱
非规则	0.6/1.4	20 174	21 699	9 050	30 166	1.229	0.281
非规则	0.5/1.5	20 174	21 699	7 635	30 538	1.642	0.289
非规则	0.4/1.6	20 174	21 699	6 176	30 882	2.267	0.297
非规则	0.2/1.8	20 174	21 699	3 149	31 494	5.406	0.311
非规则	0.0/2.0	20 174	21 699	0	32 022	—	0.322

从表5.2可以看出,使用规范计算长度系数法计算无侧移单跨双层规则钢框架,即上、下层柱轴力相等时,若上、下柱两端梁柱线刚度比相差不大,此时规范法计算的框架柱临界力与有限元ANSYS计算结果误差较小,这主要是由于左、右框架柱刚度和作用荷载均相等,框架柱同层之间无支援,上、下层柱线刚度差别不大使得柱两端转角相差也不大,层与层之间支援有限。当上、下层柱轴力不相等时,对于轴力作用较小的上层柱,其刚度存在富余,它对下层柱提供支援,上层柱临界力降低,下层柱获得支援,其临界力有所提高。例如上、下层柱作用荷载 $P_1=P_2$ 时,上层柱临界承载力为14 176 kN,由于上层柱轴力作用较小,存在富余刚度,能够为下层柱提供刚度支援,相较于规则框架柱,其临界力降低了35%;下层柱临界力为29 432 kN,下层柱获得上层柱提供的支援,临界力相较于规则框架柱提高了34%。当上、下层柱作用荷载 $P_1/P_2=0.2/1.8$ 时,上层柱临界力为3 149 kN,存在富余刚度,可为下层柱提供支援,临界力相较于规则框架柱降低了86%;下层柱临界力为31 494 kN,下层柱获得支援,临界力提高了43%。

大量算例表明:无侧移框架同层柱之间的支援不会显著提高框架柱临界承载力,相较于同层柱间的支援,无侧移框架层与层之间的支援作用对框架柱临界承载力的影响显著,若忽略了这两种支援作用,可能会造成不合理的设计。

因此，有必要寻找考虑这两种支援作用的无侧移钢框架整体稳定的计算方法。

5.2　无侧移钢框架的弹簧-摇摆柱模型

5.2.1　无侧移钢框架弹簧-摇摆柱的临界状态方程

目前主要是利用分离柱法[15-16]将分析的局部柱（图 5.3）从整体框架结构中分离出来以确定无侧移钢框架整体稳定承载力，框架结构每根分离柱的柱端约束都可采用两个转动弹簧模拟，其转动刚度分别为 c_1 和 c_2，如图 5.4（a）所示。定义 $R_1=c_1/6i_c$、$R_2=c_2/6i_c$，i_c 为分离柱的线刚度。图 5.4（a）所示的无侧移钢框架分离柱的稳定平衡方程为

$$6R_1R_2(2-2\cos\varepsilon-\varepsilon\sin\varepsilon)\sin\varepsilon+(R_1+R_2)\cdot$$
$$\varepsilon(\sin\varepsilon-\varepsilon\cos\varepsilon)+\frac{1}{6}\varepsilon^3\sin\varepsilon=0 \tag{5.1}$$

式中，$\varepsilon=h\sqrt{\dfrac{P}{EI}}=\dfrac{\pi}{\mu}$，称为无侧移框架柱的特征系数，该系数体现了承载力与转动弹簧刚度的关联性；μ 为分离柱的计算长度系数。

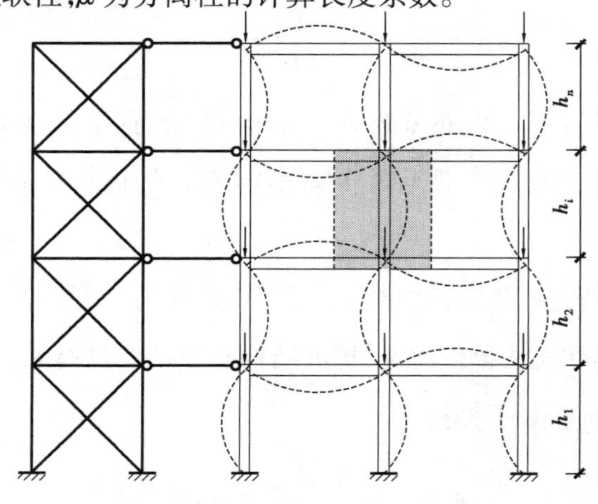

图 5.3　无侧移钢框架计算简图及屈曲模态

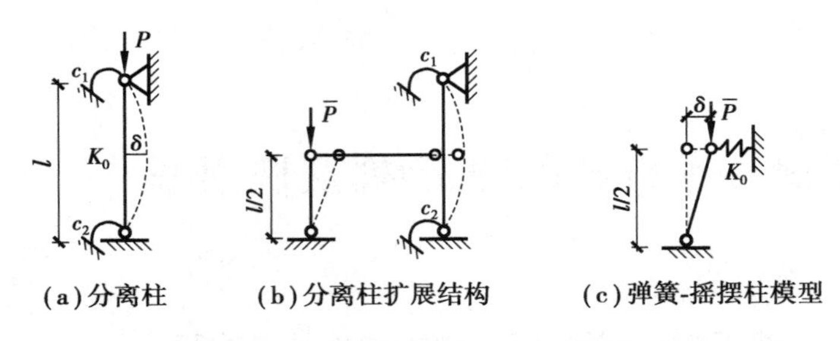

(a)分离柱　(b)分离柱扩展结构　(c)弹簧-摇摆柱模型

图 5.4　无侧移钢框架分离柱及弹簧-摇摆柱模型

若利用式(5.1)精确求解无侧移框架整体稳定承载力,由于框架构件众多,故平衡方程复杂,而利用能量法求解,总势能方程又过于冗长,因此有必要寻找便于应用的求解方法。摇摆柱自身无法保持稳定,只有依附在稳定结构上方可维持自身稳定以承载,利用摇摆柱这一特性建立无侧移框架柱的扩展结构,如图 5.4(b)所示。由于荷载仅作用于该扩展结构的摇摆柱上,其临界状态方程为代数方程,若能利用该扩展结构求解无侧移框架临界承载力,将使得求解极为简便。若将无侧移框架柱视为一个弹簧,使得该弹簧刚度等于无侧移框架柱的抗侧刚度 K_0,由此建立无侧移框架柱的弹簧-摇摆柱模型,如图 5.4(c)所示。荷载 $\overline{P}$ 作用在摇摆柱柱顶,产生侧移 δ,对下端取矩:$\overline{P}\delta-K_0\delta \cdot l/2=0$,可得弹簧-摇摆柱结构临界平衡方程:

$$K_0 - \frac{2\overline{P}_{\mathrm{cr}}}{l} = 0 \tag{5.2}$$

式(5.2)的物理意义为外荷载对弹簧刚度的削弱程度,当结构处于临界平衡时,弹簧刚度被削弱至0,即无侧移框架失稳时,外荷载将框架抗侧刚度削弱为0。

由于摇摆柱通过所依附的结构(原结构)提供刚度支持方可维持自身稳定以承载,因此摇摆柱无法提供刚度,扩展结构与原结构具有相同的抗侧刚度,将扩展结构临界力进行如下变换:

$$\overline{P}_{\mathrm{cr}} = \frac{\overline{P}_{\mathrm{cr}}}{P_{\mathrm{cr}}} \frac{P_{\mathrm{cr}}}{P} P = \alpha\lambda P \tag{5.3}$$

式中　P_{cr}——原结构的临界力；

P——原结构的作用荷载；

α——临界刚度比系数，计算值等于 $\overline{P}_{cr}/P_{cr}$，即扩展结构与原结构临界力之比，图 5.4(c)所示的弹簧-摇摆柱模型 $\alpha=1.0$；

λ——荷载因子，数值上 $\lambda=P_{cr}/P$，即结构临界力与施加荷载的比值，当结构处于临界状态时，$\lambda=1.0$。

将式(5.2)和式(5.3)联立可得如下临界平衡方程表达式：

$$K_0 - \alpha\lambda \frac{2P}{l} = 0 \tag{5.4}$$

式中，P/l 与 K_0 量纲相同，称为荷载刚度，用 K_P 表示。因此，该式可视为临界平衡方程用结构抗侧刚度和荷载刚度的表达形式，实现了利用扩展结构求解原结构的临界承载力的目的，只需要确定临界刚度比系数 α，就可以将计算临界承载力复杂二阶问题转化为计算结构的一阶抗侧刚度问题。

5.2.2　无侧移钢框架柱临界刚度比系数

对于图 5.4(b)所示的分离柱扩展结构，在摇摆柱柱顶作用荷载 $\overline{P}$，柱中间产生侧移 δ，相当于在柱中施加一假想水平力 $T(T=2\overline{P}\delta/l)$，如图 5.5 所示。

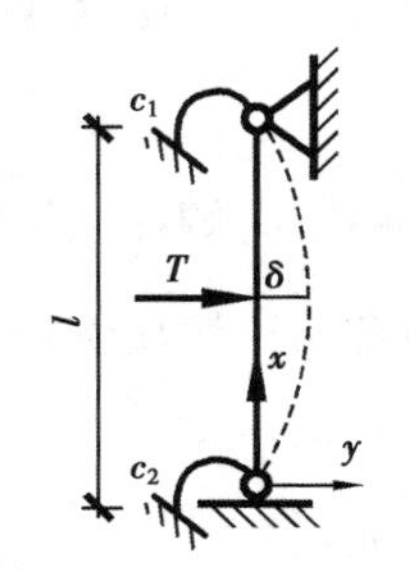

图 5.5　分离柱扩展结构计算简图

将杆件从中间截开，分为上、下两段，其平衡微分方程分别为

$$EIy''_{下} + \overline{P}\delta x/l - c_2 y'_0 = 0 \tag{5.5}$$

$$EIy''_{上} + \frac{\overline{P}\delta}{l}(l - x) + c_1 y'_l = 0 \tag{5.6}$$

图 5.5 所示的分离柱扩展结构杆端存在边界条件：$x=0, y=0$；$x=l, y=0$；$x=l/2$，$y_{上}=y_{下}=\delta$，$y'_{上}=y'_{下}$，由此求得无侧移框架分离柱扩展结构的临界力：

$$\overline{P}_{cr} = \frac{48EI}{l^2}\left[\frac{4 + 3(R_1 + R_2) + 2R_1R_2}{8 + 3(R_1 + R_2) + R_1R_2}\right] \tag{5.7}$$

式中　R_1、R_2——柱上、下端横梁线刚度之和与柱线刚度之比。

由式(5.7)可求得无轴压力作用下无侧移框架柱的抗侧刚度：

$$K_0 = \overline{P}_{cr} / \frac{l}{2} = \frac{96EI}{l^3}\left[\frac{4 + 3(R_1 + R_2) + 2R_1R_2}{8 + 3(R_1 + R_2) + R_1R_2}\right] \tag{5.8}$$

由式(5.1)求得无侧移框架柱的临界承载力[4]：

$$P_{cr} = \frac{\pi^2 EI}{l^2}\left[\frac{3 + 2(R_1 + R_2) + 1.28R_1R_2}{3 + 1.4(R_1 + R_2) + 0.64R_1R_2}\right]^2 \tag{5.9}$$

由式(5.7)和式(5.9)可求得无侧移框架柱临界刚度比系数：

$$\alpha = \frac{\overline{P}_{cr}}{P_{cr}} = \frac{48}{\pi^2} \times \left[\frac{4 + 3(R_1 + R_2) + 2R_1R_2}{8 + 3(R_1 + R_2) + R_1R_2}\right] \cdot \left[\frac{3 + 1.4(R_1 + R_2) + 0.64R_1R_2}{3 + 2(R_1 + R_2) + 1.28R_1R_2}\right]^2 \tag{5.10}$$

5.3　无侧移钢框架的整体稳定承载力计算

由于无侧移钢框架的同层柱之间的支援作用对临界承载力提高有限，若钢框架各层柱按比例加载，则图 5.3 所示的无侧移钢框架的整体屈曲可简化为若干单柱多层无侧移框架，以此考虑层与层之间的支援作用。因此，计算无侧移钢框架整体稳定时，仅需分析最不利的单柱多层框架单元，该单柱框架称为无侧移钢框架特征结构单元，如图 5.6 所示，以简化无侧移钢框架整体稳定计算。

5.3.1　层刚度富余系数

各层同时失稳的条件是荷载刚度将框架各层柱抗侧刚度同时削弱为 0，即 $k_{ij}-k_{Pij}=0$。假定无侧移钢框架各层柱的轴力均按比例加载，选取最小轴压力 N_{min} 作为公因子计算，由式(5.4)可得：

$$k_{ij} - 2\lambda_i \cdot \frac{\alpha_{ij}\xi_{ij}}{h_i}N_{min} = 0 \tag{5.11}$$

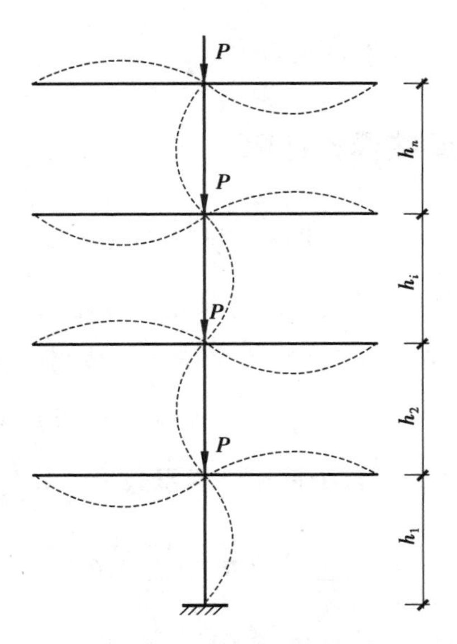

图5.6　无侧移钢框架特征结构单元

式中　k_{ij}——无侧移钢框架第 i 层第 j 根柱抗侧刚度；

α_{ij}——第 i 层第 j 根柱临界刚度比系数；

λ_i——第 i 层荷载因子；

ξ_{ij}——比例系数，即 $N_{ij}=\xi_{ij}N_{\min}$，N_{ij} 为第 i 层第 j 根柱轴力；

h_i——第 i 层层高。

无侧移钢框架各层柱同时失稳而不发生支援，即所求各层荷载因子 λ_i 均相等，这种情况在实际工程中很少见。通常情况下，式(5.11)在各层柱不能同时成立，当某层柱抗侧刚度大于荷载刚度时，说明该层柱存在刚度富余；当该层柱抗侧刚度小于荷载刚度时，表明该层无刚度富余。为了研究这种刚度富余程度，引入层刚度富余系数 χ_i：

$$\chi_i = \lambda_i/\min(\lambda_1,\lambda_2,\cdots,\lambda_n) \tag{5.12}$$

该系数为框架各层荷载因子与最小楼层荷载因子的比值，该比值的最小值所在楼层为薄弱层，即该层刚度富余系数 $\chi_i=1.0$。若各层刚度富余系数均为1.0，表明无侧移钢框架各层抗侧刚度均被荷载刚度消耗为0而无刚度富余，各楼层同时失稳而未发生层间支援。若 $\chi_i>1.0$，表明该楼层存在富余刚度，能够为其余刚度较小的楼层提供刚度支援。

5.3.2 无侧移钢框架临界力计算

层刚度富余系数χ_i越大,表明该楼层刚度富余程度越高,在抵抗本层荷载刚度消耗后可为其他楼层提供支援的富余刚度也越大。大量的算例表明,这种富余刚度的支援程度并不是无限的,为考虑这种支援程度,将式(5.14)求出的无侧移框架各层荷载因子λ_i按照层轴力加权平均的方法求出结构整体荷载因子λ,进而得到修正后的无侧移钢框架临界承载力计算公式:

$$\lambda = \sum_{i=1}^{n} N_i \lambda_i \eta_i / \left(\sum_{i=1}^{n} N_i \eta_i \right) \tag{5.13a}$$

$$(N_{ij})_{\mathrm{cr}} = \xi_{ij}(\beta \cdot \lambda N_{\min}) \tag{5.13b}$$

式中 β——同层柱间支援临界力提高系数,存在同层支援时取$\beta=1.05$,不存在时取$\beta=1.0$;

η_i——层支援系数,它反映了层与层之间发生支援作用时,层富余刚度所能发挥支援作用的程度,为关于层富余刚度系数χ_i的函数,将计算结果进行函数拟合,可得:

$$\eta_i = (\chi_i)^{\psi} \tag{5.14a}$$

$$\psi = \begin{cases} -0.50 & \text{薄弱层的相邻层} \\ -1.00 & \text{薄弱层的非相邻层} \end{cases} \tag{5.14b}$$

由式(5.13)还可得到无侧移钢框架各柱的计算长度系数的计算式:

$$\mu_{ij} = \sqrt{\frac{\pi^2 E I_{ij}}{(N_{ij})_{cr} h_i^2}} \tag{5.15}$$

式中 I_{ij}——第i层第j根柱的惯性矩;

$(N_{ij})_{\mathrm{cr}}$——式(5.13b)求得的无侧移钢框架柱临界承载力。

5.4　应用算例与比较验证

下面选取 2 个算例,用本节方法和有限元软件 ANSYS 进行了计算比较。ANSYS 求解时,梁柱采用 beam3 单元,强支撑杆系等效为水平侧向约束,节点均为刚接,进行弹性屈曲分析,忽略杆件轴向变形的影响。

5.4.1　算例 1

对于图 5.7 所示的单跨双层强支撑无侧移钢框架,梁柱截面均为 HW200×200×8×12,截面参数 $I_x=4\ 720\ \text{cm}^4$,$E=2.06\times10^4\ \text{kN/cm}^2$,柱节点荷载 $P=2\ 000\ \text{kN}$,用本书方法求解其临界承载力。

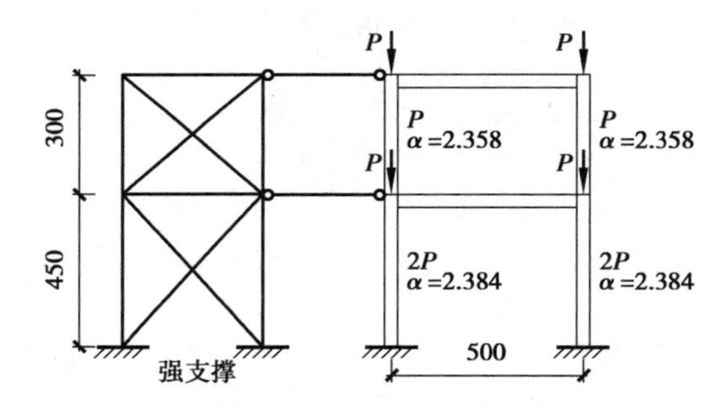

图 5.7　单跨双层无侧移框架及轴力、临界刚度比系数

1) 本书方法

首先确定无侧移钢框架的特征结构单元,即边柱位置的单柱多层框架。由式(5.8)求得边柱框架层抗侧刚度为

$$k_1=105\ \text{kN/cm},k_2=228\ \text{kN/cm}$$

由式(5.10)可以求得双层框架上、下层柱的临界刚度比系数 $\alpha_1=2.384$,$\alpha_2=2.358$。由式(5.11)可求得无侧移钢框架边柱各层荷载因子为

$$\lambda_1=2.502,\lambda_2=7.166$$

由式(5.12)求得层刚度富余系数：

$$\chi_1 = 1.000(\text{薄弱层}), \chi_2 = 2.864$$

代入式(5.14)可求得层支援系数为

$$\eta_1 = 1.000, \eta_2 = 0.591$$

由式(5.13a)可求得无侧移钢框架整体荷载因子 $\lambda = 3.566$。由于左、右柱无同层支援,取同层柱支援临界力提高系数 $\beta = 1.0$,代入式(5.13b)可求得上层柱临界力为7 131 kN,下层柱临界力14 262 kN。由式(5.15)可求得薄弱层柱计算长度系数 $\mu = 0.576$。

2)有限元软件ANSYS求解

为了便于分析比较,利用有限元软件ANSYS对该单跨双层强支撑无侧移钢框架进行弹性屈曲分析,忽略梁柱杆系轴向变形的影响,求解获得底层柱临界力为13 968 kN,计算长度系数为0.582,有限元分析结果如图5.8所示。

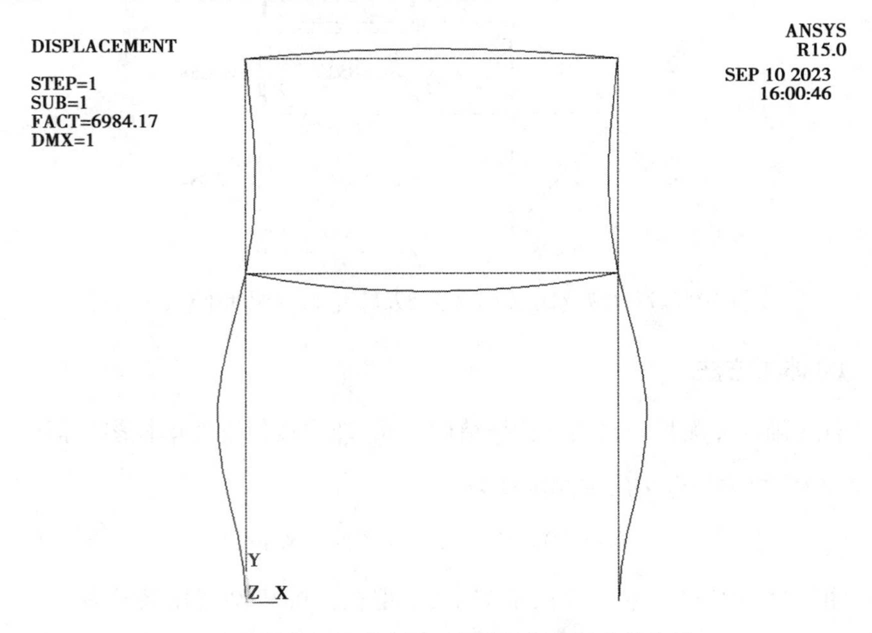

图5.8 单跨双层强支撑无侧移钢框架屈曲模态图

对比上述两种分析计算方法可知,本书方法计算结果与有限元精确解的误差很小,均在 3% 以内,表明本书方法计算无侧移框架整体稳定能够很好地考虑层与层之间的支援作用。

5.4.2 算例 2

对于图 5.9 所示的三跨六层强支撑无侧移钢框架,梁柱截面均为 HW200×200×8×12,截面参数 $I_x = 4\ 720\ \text{cm}^4$,$E = 2.06\times10^4\ \text{kN/cm}^2$,柱节点荷载 $P = 1\ 000\ \text{kN}$,用本书方法求解其临界承载力。

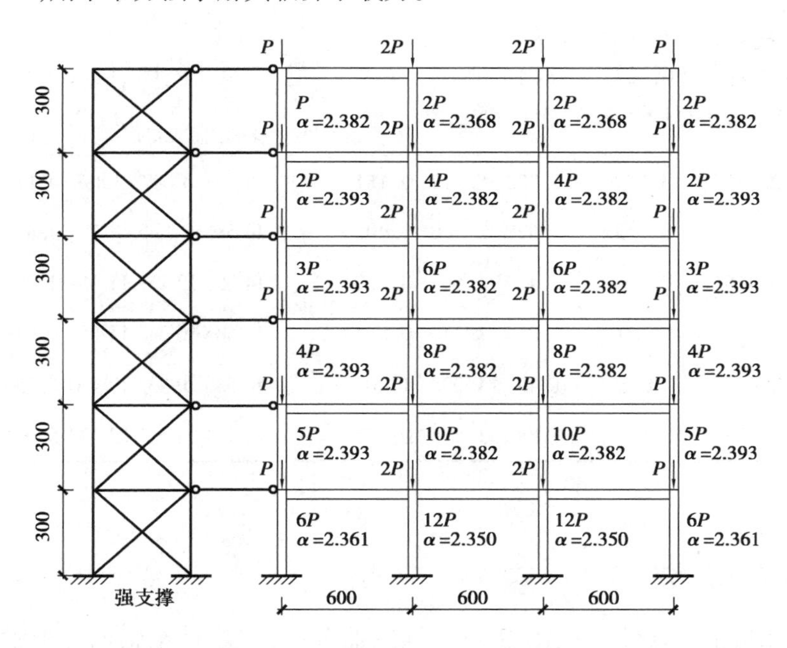

图 5.9　三跨六层无侧移钢框架及轴力、临界刚度比系数

1) 本书方法

①确定无侧移钢框架的特征结构单元,本算例为中柱位置的单柱多层框架。不容易直接确定最不利结构单元时,可分别计算各个结构单元临界力,取较小值为整体结构临界承载力。

②由式(5.8)求得中柱框架层抗侧刚度 k_i,由式(5.10)求得各层柱临界刚度比系数 α。

③由式(5.11)求得无侧移钢框架中柱各层荷载因子 λ_i，由式(5.12)求得层刚度富余系数χ_i，由式(5.14)求得层支援系数 η_i。

④由式(5.13a)求得无侧移钢框架整体荷载因子 λ，由式(5.13b)求得各柱临界承载力$(N_{ij})_{cr}$，由式(5.15)求得各柱计算长度系数μ_{ij}。将前述各步骤计算结果列入表5.3。

表5.3　无侧移框架临界承载力的计算过程与对比结果

楼层	层抗侧刚度 k_i /(kN·m^{-1})	层荷载刚度 k_{Pi} /(kN·m^{-1})	层荷载因子 λ_i	层富余刚度系数χ_i	层支援系数 η_i	整体荷载因子 λ	$(N_{ij})_{cr}$ 规范法①/kN	本书方法②/kN	ANSYS③/kN	①/③	②/③
6	252.637	31.573	8.002	5.513	0.181	1.946	16 132	4 087	3 888	4.149	1.051
5	230.476	63.522	3.628	2.500	0.400		14 586	8 174	7 776	1.876	1.051
4	230.476	95.283	2.419	1.667	0.600		14 586	12 261	11 664	1.251	1.051
3	230.476	127.044	1.814	1.250	0.894		14 586	16 348	15 552	0.938	1.051
2	230.476	158.805	1.451	1.000	1.000		14 586	20 435	19 440	0.750	1.051
1	353.483	188.030	1.880	1.295	0.879		22 724	24 521	23 328	0.974	1.051

2）有限元软件ANSYS求解

使用有限元软件ANSYS进行弹性屈曲分析，忽略杆系轴向变形的影响。将有限元ANSYS计算结果列入表5.3，有限元分析结果如图5.10所示。

为了便于比较，将本书方法、规范方法和有限元软件ANSYS的计算结果归纳在表5.3中。

由表5.3可看出，规范计算长度系数法求得的框架柱临界承载力与有限元软件ANSYS计算结果相比偏差大。例如，规范法求得的二层柱临界承载力比ANSYS计算结果小25%，五层柱临界承载力比ANSYS计算结果大88%。这主

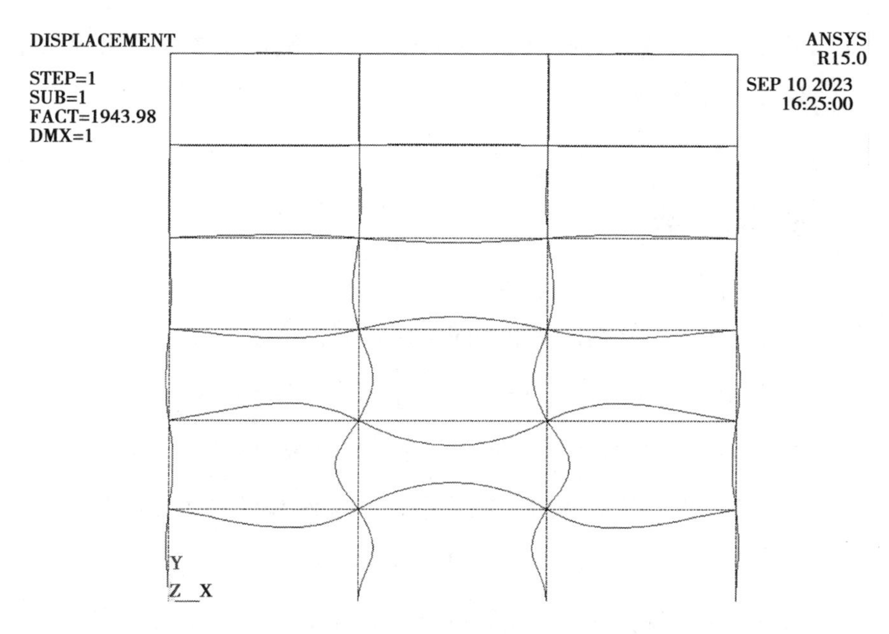

图 5.10　三跨六层强支撑无侧移钢框架屈曲模态图

要是由于传统计算长度系数法计算无侧移钢框架整体稳定无法考虑同层柱的柱间支援及层与层的支援作用，使得获得支援的框架柱临界力计算偏于保守，对于提供支援的框架柱临界力计算又偏于不安全，若采用计算长度系数法可能会造成不合理的设计。本书方法计算框架柱临界承载力与有限元计算结果之比约为 1.051，吻合程度好，表明本书方法充分考虑了这两种支援作用。

由表 5.3 还可以看出，二层富余刚度系数 $\chi_2=1.0$，该层支援系数 $\eta_2=1.0$，表明该层无刚度富余，是结构薄弱层，层刚度完全发挥；六层富余刚度系数 $\chi_6=5.513$，该层支援系数 $\eta_6=0.181$，表明该层刚度富余程度最高，但楼层刚度发挥程度最低，为刚度小的楼层提供的支援也有限。表 5.3 显示框架层荷载因子的最小值所在楼层为第 2 层，该层荷载因子为 1.451，整体结构荷载因子 $\lambda=1.946$，该层从刚度富余楼层获得支援，提高了该层结构临界承载力，提高比例为 25%。该结构 1—3 层荷载因子均小于结构整体荷载因子，获得了由刚度较大的楼层提供的刚度支援，临界承载力提升比例分别为 3%、25% 和 6%；4—6

层荷载因子大于结构整体荷载因子,表明该三层为刚度较小的楼层提供了支援,其临界承载力有所降低。

5.5 本章小结

①本章探寻了无侧移钢框架结构同层柱间支援及层间支援的规律,构建了无侧移框架柱的弹簧-摇摆柱力学模型,将原结构临界力计算转换为扩展结构临界力求解,推导了无侧移钢框架整体稳定临界承载力的计算公式,该方法能够弥补规范计算长度系数法确定无侧移钢框架整体稳定承载力时无法考虑同层柱之间的支援及层与层之间支援作用的不足。

②本书方法可方便地计算出无侧移钢框架的整体稳定性,且具有很好的精度,避免了传统计算长度系数法逐根构件计算的不便,为校核有限元整体稳定计算结果可靠性提供了一种解析验证手段,可供工程设计使用。

③层刚度富余系数反映了层刚度富余程度,$\chi_i = 1.0$ 所在楼层为结构薄弱层,最容易发生失稳;层支援系数 η_i 反映了层刚度支援的发挥程度。本文方法能够定量计算无侧移框架层与层之间的支援作用,分析获得支援楼层临界力的提高程度以及提供支援楼层临界力的降低程度,为研究无侧移钢框架结构层与层之间的支援作用提供了一种计算方法。

本章参考文献

[1] CHEN W F, LUI E M. Stability Design of steel frames[M]. Boca Raton: CRC Press, 1991.

[2] ADOLF LUBBERTUS BOUMA. Mechanik schlanker Tragwerke: ausgewählte

beispiele der praxis[M]. Springer-Verlag Berlin Heidelberg,1993.

[3] 陈绍蕃. 钢结构稳定设计指南[M]. 2版. 北京:中国建筑工业出版社,2004:145-190.

[4] 陈冀. 钢结构稳定理论与设计[M]. 3版. 北京:科学出版社,2006:126-210.

[5] 中华人民共和国住房和城乡建设部. 钢结构设计标准(GB 50017—2017)[S]. 北京:中国建筑工业出版社,2018.

[6] 童根树. 钢结构的平面内稳定[M]. 北京:中国建筑工业出版社,2005:129-136.

[7] 王金鹏. 计入层间支援的双层无侧移刚架柱计算长度系数[J]. 四川建材,2019,45(4):81-83.

[8] 田炜烽,郝际平,樊春雷,等. 无侧移变轴力框架柱稳定性的等效力法[J]. 工程力学,2012,29(11):212-220.

[9] 陈绍蕃,苏明周,惠宽堂. 横梁荷载作用下单层无侧移刚架的稳定承载力[J]. 建筑结构学报,2016,37(7):89-95.

[10] 张浩,苏明周,程倩倩,等. 横梁均布荷载下单层无侧移刚架稳定承载力研究[J]. 建筑钢结构进展,2019,21(4):94-102.

[11] 兰树伟,周东华,双超,等. 有侧移框架临界承载力的实用计算方法[J]. 振动与冲击,2019,38(11):180-186,202.

[12] 郝际平,田炜烽,王先铁. 多层有侧移框架整体稳定的简便计算方法[J]. 建筑结构学报,2011,32(11):183-188.

[13] LI Q W,ZOU A M,ZHANG H. A simplified method for stability analysis of multi-story frames considering vertical interactions between stories[J]. Advances in Structural Engineering,2016,19(4):599-610.

[14] SLIMANI A,AMMARI F,ADMAN R. The effective length factor of columns in

unsymmetrical frames asymmetrically loaded [J]. Asian Journal of Civil Engineering,2018,19(4):487-499.

[15] ROLF KINDMANN. Stahlbau,Teil2:Stabilität und theorie ll. Ordn-ung [M]. Berlin:Verlag Ernst & Sohn,2008.

[16] 铁摩辛柯 S P,盖莱 J M. 弹性稳定理论[M]. 2 版. 北京:科学出版社,1956.

第 6 章　支撑钢框架整体稳定承载力的解析算法

一些国家规范[1-3]给出了强支撑无侧移框架柱和无支撑自由侧移框架柱计算长度系数计算表格，而通常情况下支撑钢框架结构的支撑刚度无法达到强支撑刚度的要求，对于介于两者之间的弱支撑弹性侧移框架柱还缺少相应的计算公式和表格，若按照无侧移框架柱求解支撑钢框架结构临界力将偏于不安全，若按照有侧移框架柱求解将偏于保守。为了解决这些问题，一些学者进行了一些工作，如文献[4]——文献[11]。其中，Köing[4]将框架-剪力墙结构的框架刚节点简化为铰接点，利用弹性稳定理论推导了弯曲型的框架-剪力墙的临界力计算公式，但是该方法无法考虑框架的抗侧刚度，所求得的结构临界力偏于保守。Rosman[7]研究了框架-剪力墙结构的整体稳定，将框架连续化为剪切悬臂梁与剪力墙形成双重抗侧力体系，利用有限积分法借助计算机编程计算临界承载力，应用多有不便。童根树[10]对弯曲型支撑-框架的临界荷载进行了研究，通过大量的有限元计算总结了一些确定临界荷载的经验计算公式，该法求解精度受荷载类型限制和有限元分析的影响。为此，本章基于第 2 章提出的弹簧-摇摆柱模型，将模型中的弹簧用支撑钢框架替换，分析支撑钢框架结构分离柱的特点，利用结构转换的方法将求解支撑钢框架临界力的二阶问题转化为计算结构抗侧刚度的一阶问题，将单根含弹性支撑的分离柱临界力计算方法扩展运用到整体结构上寻求计算支撑钢框架临界承载力的简便计算方法。该法无须建立和求解超越方程，也不需要建立结构的总势能方程，使得支撑钢框架结构整体稳定临界承载力的求解大为简化。利用本章方法计算支撑钢框架结构整体稳定承载力和柱的计算长度系数,快速方便且具有较高的计算精度,可供工程设计和理论计算使用。

6.1 支撑抗侧刚度

支撑钢框架由支撑和钢框架组成,支撑钢框架结构临界力与支撑抗侧刚度和钢框架自身的抗侧刚度有关。因此,在计算支撑钢框架结构整体稳定性时,应对支撑体系进行分析。支撑钢框架的支撑体系可能呈现弯曲型或剪切型,弯曲型支撑结构主要是剪力墙或筒体,剪切型支撑结构常见的有交叉斜杆和单斜杆支撑等。

6.1.1 弯曲型支撑抗侧刚度

随着建筑高度的增加,钢框架抗侧力支撑刚度偏小时,其主要呈现弯曲型的特性,可忽略剪切变形的影响。对于图 6.1(a)所示的弯曲型支撑钢框架,其支撑体系为剪力墙(或筒体),钢框架和支撑结构通过能够体现楼盖作用的刚性连杆相连,竖向荷载简化为集中荷载作用在每层柱顶和剪力墙墙顶。计算简图如图 6.1(b)所示。

图 6.1(b)中的 $c_{\mathrm{w}1}, c_{\mathrm{w}2}, \cdots, c_{\mathrm{w}n}$ 为弯曲型支撑结构对各层框架的支撑刚度。将弯曲型支撑的剪力墙或筒体看作一个弯曲型悬臂梁,当支撑剪力墙或筒体刚度不变时,可按照式(6.1a)计算 $c_{\mathrm{w}i}$[12]:

$$c_{\mathrm{w}i} = \frac{3EI_{\mathrm{w}}}{H_i^3} \tag{6.1a}$$

式中 EI_{w}——剪力墙或筒体支撑的抗弯刚度;

H_i——第 i 层的总高度,详见图 6.1(b)。

实际工程中,支撑刚度往往是随着建筑高度变化的,假定刚度沿着高度方

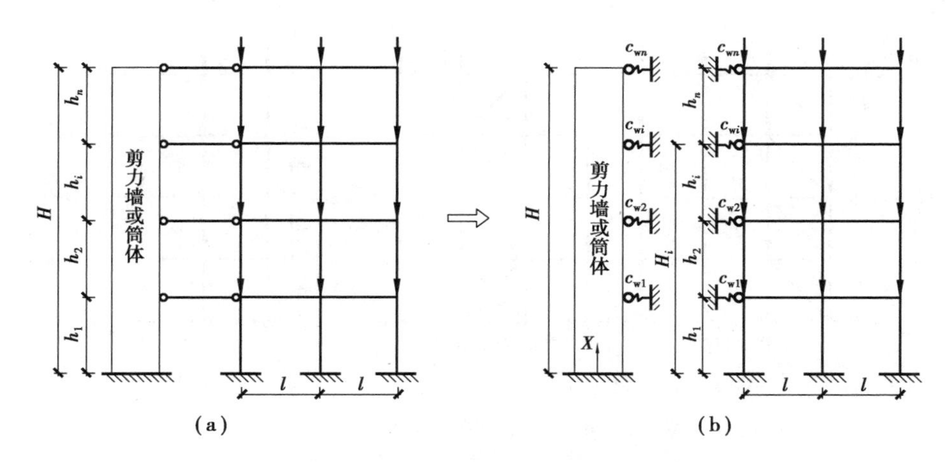

图6.1　弯曲型支撑钢框架及其计算简图

向呈线性变化，定义顶层与底层支撑墙体抗弯刚度的比值 r_n：

$$r_n = I_{wn}/I_{w1}$$

r_i 为由前述线性关系确定的第 i 层楼层处与底层支撑柱抗弯刚度的比值，即 $r_i = I_{wi}/I_{w1}$，计算支撑墙体为钢框架提供的支撑刚度 c_{wi} 时应沿着建筑高度方向进行积分，则式(6.1a)可写为

$$c_{wi} = EI_{w1}\Big/\int_0^{H_i} \frac{(H_i - x)^2}{1 - x(1 - r_i)/H_i}\mathrm{d}x \tag{6.1b}$$

6.1.2　剪切型支撑抗侧刚度

剪切型支撑钢框架结构体系是钢结构工程中常用的结构形式，支撑体系的变形主要是剪切变形，常见的有交叉斜杆和单斜杆支撑等。对于图6.2(a)所示的剪切型支撑钢框架，支撑的作用可以等效为楼层横梁处的水平弹簧，计算简图如图6.2(b)所示。

利用剪切型支撑杆件的变形协调条件，结合杆件的受力分析可得任意层支撑抗侧刚度的计算式[10]：

$$c_{wi} = \sum \frac{EA_i l_z^2}{d_i^3} \tag{6.2}$$

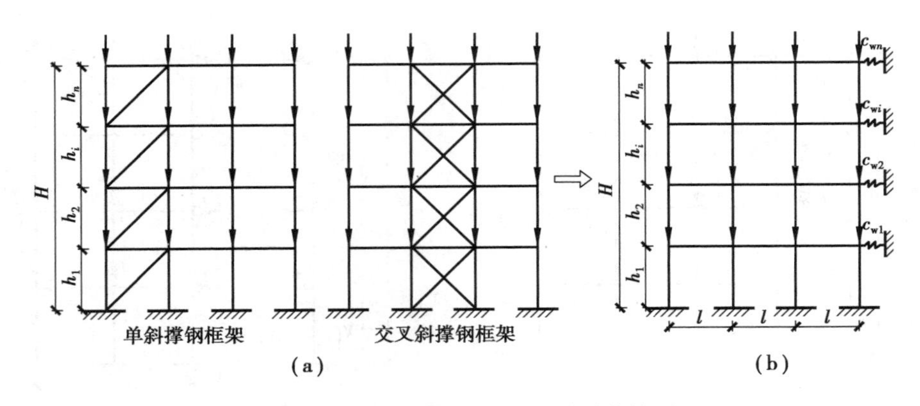

图 6.2　剪切型支撑钢框架及其计算简图

式中　c_{wi}——第 i 层($1\leqslant i\leqslant n$)所有支撑的侧移刚度之和;

A_i——支撑杆的截面积;

l_z——支撑跨的跨度;

d_i——支撑杆的长度;

E——支撑杆的弹性模量。

由式(6.2)可得,图 6.2(a)所示的第 i 层单斜杆支撑的抗侧刚度为 $EA_il_z^2/d_i^3$;若剪切型支撑形式为交叉斜杆支撑,其第 i 层支撑抗侧刚度为 $2EA_il_z^2/d_i^3$。

6.2　分离柱临界刚度比系数

利用分离柱法[13]将分析的局部柱从整体支撑钢框架中分离出来(图 6.3),单个分离柱的临界刚度比系数 α 在第 2 章中已有推导,相当于将弹簧-摇摆柱模型中的弹簧用支撑钢框架结构中的分离柱来替换。确定结构单根分离柱临界刚度比系数后,再寻求单根分离柱与整体支撑钢框架结构之间的关系,进而实现解析计算支撑钢框架结构整体稳定承载力的目标。

将需要分析的局部柱从支撑钢框架结构(图 6.3)分离出来,实现分离柱端约束等效,柱顶端和底端受到转动约束,其转动刚度分别为 c_1 和 c_2,水平方向受

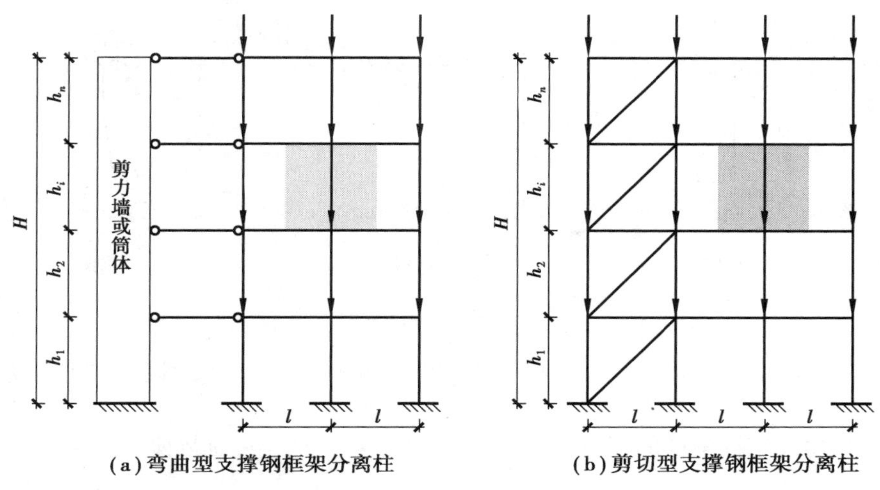

图6.3　支撑钢框架分离柱

到支撑结构提供的弹性约束，其侧移刚度为 c_w。支撑钢框架结构的每根分离柱柱端约束都可以采用两个转动弹簧和一个水平弹簧进行模拟，如图6.3(a)所示。定义 $R_1 = c_1/6i_c$，$R_2 = c_2/6i_c$，$\bar{c}_w = c_w h^2/i_c$，其中 i_c 为分离柱的线刚度，$\bar{c}_w$ 为支撑弹簧的相对刚度，由支撑结构提供。

用三弹簧分离柱替换弹簧-摇摆柱模型中的弹簧，替换后的扩展结构如图6.4(b)所示。任意单根分离柱的临界方程与第2章推导的弱支撑弹性侧移受压柱结构完全相同，则第 i 层($1 \leqslant i \leqslant n$)第 j 根($1 \leqslant j \leqslant m$)柱的临界状态方程可表示为

$$k_{ij} - \alpha_{ij} \frac{N_{ij}}{h_i} = 0 \tag{6.3}$$

式中　N_{ij}——第 i 层第 j 根分离柱轴力；

α_{ij}——第 i 层第 j 根分离柱临界刚度比系数，可由式(2.20)求得，即

$$\alpha = \frac{1}{\pi^2} \times \frac{\left[\dfrac{6(R_1 + R_2) + 36R_1R_2}{1 + 2(R_1 + R_2) + 3R_1R_2} + \bar{c}_w\right]}{\left\{\left(1 - \dfrac{\bar{c}_w}{\bar{c}_{wT}}\right) \dfrac{R_1 + R_2 + 7.5R_1R_2}{1.52 + 4(R_1 + R_2) + 7.5R_1R_2} + \left[\dfrac{3 + 2(R_1 + R_2) + 1.28R_1R_2}{3 + 1.4(R_1 + R_2) + 0.64R_1R_2}\right]^2 \cdot \dfrac{\bar{c}_w}{\bar{c}_{wT}}\right\}} \tag{6.4}$$

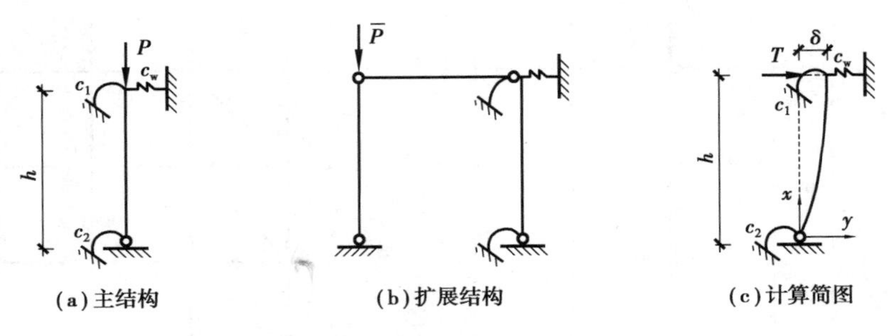

图6.4　分离柱计算简图

当支撑结构提供的侧向支撑弹簧刚度 $c_w \geqslant c_{wT}$ 时，增大支撑抗侧刚度，无法进一步增加钢框架柱的临界承载力，因此取 $\dfrac{\bar{c}_w}{\bar{c}_{wT}}=1$，则各柱临界刚度比系数为

$$\alpha_{ij} = \frac{1}{\pi^2} \times \left[\frac{6(R_1 + R_2) + 36R_1R_2}{1 + 2(R_1 + R_2) + 3R_1R_2} + \bar{c}_w\right] \cdot \left[\frac{3 + 1.4(R_1 + R_2) + 0.64R_1R_2}{3 + 2(R_1 + R_2) + 1.28R_1R_2}\right]^2 \tag{6.5}$$

当弯曲型支撑的剪力墙(或筒体)或剪切型支撑提供的侧向支撑弹簧刚度 c_w 大于钢框架柱所需要的临界支撑刚度 c_{wT} 时，即 $c_w \geqslant c_{wT}$，增大支撑刚度，无法进一步增加钢框架柱的临界承载力。支撑钢框架结构层临界侧移刚度 c_{wTi} 可按照式(6.6)进行计算：

$$c_{wTi} = \sum_{j=1}^{m} \bar{c}_{wTij} \cdot EI_{cij}/h_i^3 \tag{6.6}$$

式中　$\bar{c}_{wTij}$——第 i 层第 j 根钢框架柱的临界侧移刚度，由式(2.15)或查图2.4计算得到；

EI_{cij}——第 i 层第 j 根钢框架柱的抗弯刚度；

m——支撑钢框架结构框架柱总根数。

当支撑结构提供给钢框架的侧向支撑弹簧刚度 $0<\bar{c}_w<\bar{c}_{wT}$ 时，经过计算发现，当 R_1 和 R_2 相差不大时(小于20倍)，相对刚度 $\bar{c}_w$ 从0变化至 $\bar{c}_{wT}$，式(6.5)计算所得 α 值变化均在4%以内。因此，可取 $\bar{c}_w=0$ 时对应的各柱临界内外刚度比系数进行近似计算：

$$\alpha_{ij} = \frac{6}{\pi^2}\left[\frac{R_1 + R_2 + 6R_1R_2}{1 + 2(R_1 + R_2) + 3R_1R_2}\right] \cdot \left[\frac{1.52 + 4(R_1 + R_2) + 7.5R_1R_2}{R_1 + R_2 + 7.5R_1R_2}\right] \tag{6.7}$$

6.3　支撑钢框架整体稳定性计算

6.3.1　支撑钢框架结构整体抗侧刚度计算

支撑钢框架结构整体抗侧刚度由支撑抗侧刚度和钢框架抗侧刚度组成。为求解有侧移支撑钢框架的整体抗侧刚度，将支撑钢框架进行简化，将每层的抗侧刚度视为一个弹簧，假定第 i 层层间相对位移 δ_i，层抗侧刚度为 k_i，简化模型如图 6.5 所示。

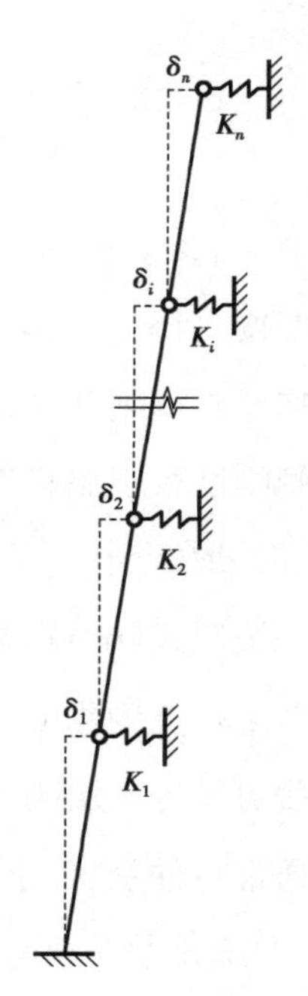

图 6.5　有侧移支撑钢框架计算模型

将每层抗侧刚度视为一个弹簧，有侧移支撑钢框架整体抗侧刚度可视为每个弹簧的串联。因此，有侧移支撑钢框架各层的整体抗侧刚度 K_i 与各层抗侧刚度的关系式为

$$\frac{1}{K_i} = \frac{1}{k_1} + \frac{1}{k_2} + \cdots + \frac{1}{k_i} \tag{6.8}$$

式中　K_i——第 i 层的整体抗侧刚度（$1 \leqslant i \leqslant n$）；

$k_1, k_2, \cdots, k_i$——各层的侧移刚度，按式（6.9）计算：

$$k_i = \sum_{j=1}^{m} k_{ij} + c_{wi} \tag{6.9}$$

式中　k_{ij}——第 i 层第 j 根柱的抗侧刚度，可由式（6.10）进行计算[12]：

$$k_{ij} = \frac{\overline{P}_{cr}}{h} = \frac{EI}{h^3}\left[\frac{6(R_1 + R_2) + 36R_1R_2}{1 + 2(R_1 + R_2) + 3R_1R_2}\right] \tag{6.10}$$

式中　R_1、R_2——柱上、下端横梁线刚度之和与柱线刚度之比。

将式(6.9)代入式(6.8)可得有侧移支撑钢框架各层的整体抗侧刚度计算式：

$$\frac{1}{K_i}=\frac{1}{\sum_{j=1}^{m}k_{1j}+c_{\mathrm{w}1}}+\frac{1}{\sum_{j=1}^{m}k_{2j}+c_{\mathrm{w}2}}+\cdots+\frac{1}{\sum_{j=1}^{m}k_{ij}+c_{\mathrm{w}i}} \tag{6.11}$$

式中，$c_{\mathrm{w}1}, c_{\mathrm{w}2}, \cdots, c_{\mathrm{w}n}$ 为支撑结构对各层框架的有效支撑刚度。弯曲型支撑支撑刚度按式(6.1)计算，剪切型支撑支撑刚度按式(6.2)计算。由于支撑刚度大于临界支撑刚度时，进一步增加支撑刚度无法提高结构临界力，故当第 i 层支撑抗侧刚度大于层临界支撑刚度时，应取层临界支撑刚度，即当层支撑刚度 $c_{\mathrm{w}i}>c_{\mathrm{wT}i}$ 时，取 $c_{\mathrm{w}i}=c_{\mathrm{wT}i}$。

按照式(6.11)求解有侧移支撑钢框架各层的整体抗侧刚度需先逐根计算钢框架柱抗侧刚度，接着与支撑侧向刚度叠加，然后组装求得各楼层侧移刚度，最后再将各楼层刚度进行串联求得结构整体抗侧刚度。由于支撑钢框架框架柱通常杆件众多，求解过程较烦琐，故引入一种计算钢框架抗侧刚度的简便算法，即第 3 章介绍的借助于框架重复单元计算抗侧刚度。

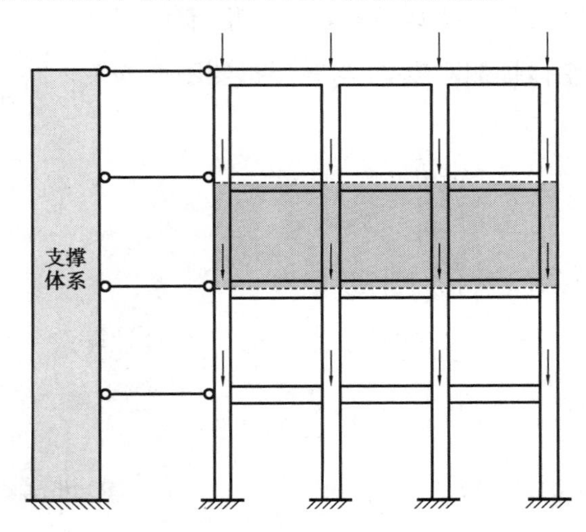

图 6.6　有侧移支撑钢框架框架重复单元示意图

对于图 6.6 所示的弯曲型支撑-框架，其第 i 层填充示意的框架结构单元由梁单元和柱单元以刚接形式组成。对于梁单元，它同时又是相邻楼层梁单元的一部分，通常很多楼层采用相同截面的梁、柱重复布置，因此该示意的结构单元称为楼层重复单元[6]。楼层重复单元中的梁单元采用梁截面对应特征值的 1/2，假定梁的反弯点在梁跨中，柱的反弯点位于层高 1/2 处，忽略杆件轴力影响，故可以借助于框架结构楼层重复单元求解框架层抗侧刚度，具体求解方法参见第 3 章，可获得框架层抗侧刚度计算式：

$$k=\frac{24EI_{\mathrm{c}}(m-1)^{2}/h^{3}}{2m-3+\dfrac{2I_{\mathrm{c}}(m-1)}{I_{\mathrm{b}}}\dfrac{l}{h}} \tag{6.12}$$

由于框架底层下部为固定端约束，即梁刚度无穷大，假定柱反弯点在层高 2/3 处[11]，按照前述图乘法计算得到底层抗侧刚度近似计算公式为

$$k_{1}=\frac{18EI_{\mathrm{c}}(m-1)^{2}/h^{3}}{(2m-3)+\dfrac{I_{\mathrm{c}}(m-1)}{3I_{\mathrm{b}}}\cdot\dfrac{l}{h}} \tag{6.13}$$

将式(6.12)和式(6.13)求得的各楼层抗侧刚度与各楼层支撑刚度叠加后进行刚度串联，即代入式(6.11)可得到第 i 层支撑钢框架整体抗侧刚度计算公式：

$$\begin{aligned}\frac{1}{K_{i}}=&\frac{1}{\dfrac{18EI_{\mathrm{c}1}(m_{1}-1)^{2}/{h_{1}}^{3}}{(2m_{1}-3)+\dfrac{I_{\mathrm{c}1}(m_{1}-1)}{3I_{\mathrm{b}1}(2m_{1}+1)}\cdot\dfrac{l_{1}}{h_{1}}}+c_{\mathrm{w}1}}+\\&\frac{1}{\dfrac{24EI_{\mathrm{c}2}(m_{2}-1)^{2}/h_{2}^{3}}{(2m_{2}-3)+\dfrac{2I_{\mathrm{c}2}(m_{2}-1)}{I_{\mathrm{b}2}}\cdot\dfrac{l_{2}}{h_{2}}}+c_{\mathrm{w}2}}+\cdots+\\&\frac{1}{\dfrac{24EI_{\mathrm{c}i}(m_{i}-1)^{2}/h_{i}^{3}}{(2m_{i}-3)+\dfrac{2I_{\mathrm{c}i}(m_{i}-1)}{I_{\mathrm{b}i}}\cdot\dfrac{l_{i}}{h_{i}}}+c_{\mathrm{w}i}}\end{aligned} \tag{6.14}$$

式中　m_i——第 i 层框架柱总根数；

若同一楼层重复单元梁、柱截面惯性矩不相等且梁柱线刚度比 $0.3 \leqslant hI_b/(lI_c) \leqslant 5$，可以取梁、柱的平均惯性矩；如果梁跨距不相等且相邻跨差不大于3时，可以取平均跨距。

6.3.2　支撑钢框架整体荷载刚度计算

在临界状态时，支撑钢框架荷载刚度将整体抗侧刚度削弱为0，因而有 $K_i - K_{Pi} = 0$，即 $\frac{1}{K_i} = \frac{1}{K_{Pi}}$，展开得到：

$$\frac{1}{K_{Pi}} = \frac{1}{k_{P1}} + \frac{1}{k_{P2}} + \cdots + \frac{1}{k_{Pi}} \tag{6.15}$$

式中　K_{Pi}——第 i 层的整体荷载刚度（$1 \leqslant i \leqslant n$）；

$k_{P1}, k_{P2}, \cdots, k_{Pi}$——各层的荷载刚度，按式(6.16)计算：

$$k_{Pi} = \lambda_i \sum_{j=1}^{m} \frac{\alpha_{ij} N_{ij}}{h_i} = \lambda_i N_{\min} \sum_{j=1}^{m} \frac{\alpha_{ij} \xi_{ij}}{h_i} \tag{6.16}$$

式中　N_{ij}——第 i 层（$1 \leqslant i \leqslant n$）第 j 根（$1 \leqslant j \leqslant m$）柱的轴力；

λ_i——第 i 层层临界因子。

假定各柱的轴力均按比例加载，这样每个轴力 N_{ij} 未知量就不是各自独立的，而是成比例关系的，且与初始节点荷载间的比例关系是一致的。选取最小轴压力 $N_{\min}$ 作为公因子来计算，即 $N_{ij} = \xi_{ij} N_{\min}$，其中 ξ_{ij} 为比例系数。

将式(6.16)代入式(6.15)，可求得有侧移支撑钢框架整体荷载刚度：

$$\frac{1}{K_{Pi}} = \frac{1}{\lambda_i N_{\min}} \left(\frac{1}{\sum_{j=1}^{m} \frac{\alpha_{1j} \xi_{1j}}{h_1}} + \frac{1}{\sum_{j=1}^{m} \frac{\alpha_{2j} \xi_{2j}}{h_2}} + \ldots + \frac{1}{\sum_{j=1}^{m} \frac{\alpha_{ij} \xi_{ij}}{h_i}} \right) \tag{6.17}$$

6.3.3　有侧移支撑钢框架临界承载力计算公式

利用有侧移支撑钢框架结构发生失稳时，结构荷载刚度与结构整体抗侧刚度相等这一原则，可知 $K_i = K_{Pi}$，即 $\frac{1}{K_i} = \frac{1}{K_{Pi}}$，则由式(6.14)和式(6.17)可求得有侧移支撑钢框架结构临界承载力表达式为

$$\frac{1}{\dfrac{18EI_{c1}(m_1-1)^2/h_1^3}{(2m_1-3)+\dfrac{I_{c1}(m_1-1)}{3I_{b1}(2m_1+1)}\cdot\dfrac{l_1}{h_1}}+c_{w1}}+\frac{1}{\dfrac{24EI_{c2}(m_2-1)^2/h_2^3}{(2m_2-3)+\dfrac{2I_{c2}(m_2-1)}{I_{b2}}\cdot\dfrac{l_2}{h_2}}+c_{w2}}+\cdots+$$

$$\frac{1}{\dfrac{24EI_{ci}(m_i-1)^2/h_i^3}{(2m_i-3)+\dfrac{2I_{ci}(m_i-1)}{I_{bi}}\cdot\dfrac{l_i}{h_i}}+c_{wi}}=\frac{1}{\lambda_i N_{\min}}\left(\frac{1}{\sum\limits_{j=1}^{m}\dfrac{\alpha_{1j}\xi_{1j}}{h_1}}+\frac{1}{\sum\limits_{j=1}^{m}\dfrac{\alpha_{2j}\xi_{2j}}{h_2}}+\cdots+\frac{1}{\sum\limits_{j=1}^{m}\dfrac{\alpha_{ij}\xi_{ij}}{h_i}}\right) \tag{6.18a}$$

$$(N_{ij})_{cr}=\xi_{ij}(\lambda_i N_{\min}) \tag{6.18b}$$

由式(6.18)可求出有侧移支撑钢框架结构临界承载力，但该式隐含着各层同时失稳的前提条件，即各层的层临界因子 λ_i 相等。各层无相互支援作用而同时失稳的情况在实际工程中很少出现，若直接按此计算有侧移支撑钢框架结构临界承载力，往往存在较大偏差，因此有必要分析层与层之间的支援作用。为了考虑这种支援作用，对求出的层临界因子 λ_i 按照层轴力均方根平均法求出结构整体临界因子 λ，进而得到有侧移支撑钢框架整体稳定承载力计算公式：

$$\lambda=\sqrt{\left(N_1\eta_1\lambda_1^2+\sum_{i=2}^{n}N_i\eta_i\lambda_i^2\right)/\left(N_1\eta_1+\sum_{i=2}^{n}N_i\eta_i\right)} \tag{6.19a}$$

$$(N_{ij})_{cr}=\xi_{ij}(\lambda N_{\min}) \tag{6.19b}$$

式中　$N_1, N_2, \cdots, N_n$——各层轴力之和，支撑体系上节点荷载按照同层柱加载比例分配于同层各柱等效计算；

$\lambda_1, \lambda_2, \cdots, \lambda_n$——有侧移支撑钢框架结构各层的层临界因子，由式(6.18a)求得，最小层临界因子 $\lambda_{\min}$ 所在楼层为薄弱层；

η_1——底层轴力权重参与系数,该修正系数可以很好地考虑底层固端约束的影响,当为单层支撑钢框架结构时,不考虑此项修正,取 $\eta_1 = 1.0$;

η_i——第 i 层轴力权重参与系数,相关取值方法如下:

①弯曲型支撑钢框架:

$$\eta_1 = \frac{1}{n\chi}, \eta_i = 1 \tag{6.20a}$$

$$\chi = \begin{cases} \dfrac{c_{w1}}{c_{wT1}} & c_{w1} \geq c_{wT1} \\ \\ \dfrac{c_{wT1}}{c_{w1}} & c_{w1} < c_{wT1} \end{cases} \tag{6.20b}$$

式中 c_{wT1}——底层各钢框架柱临界侧移刚度之和,可由式(6.6)计算得到。

②剪切型支撑钢框架:

$$\eta_i = \left(\frac{\lambda_i}{\lambda_{\min}}\right)^{\psi} \tag{6.21a}$$

$$\psi = \begin{cases} -1.0 & \text{薄弱层的相邻楼层} \\ -2.0 & \text{薄弱层的非相邻楼层} \end{cases} \tag{6.21b}$$

注意:底层轴力权重参与系数 η_1 按照式(6.21a)计算求得。

求得有侧移支撑钢框架各柱临界承载力后,可利用式(6.22)计算各柱的计算长度系数,对有侧移支撑钢框架结构柱进行校核设计。

$$\mu_{ij} = \sqrt{\frac{\pi^2 EI_{ij}}{(N_{ij})_{cr} h_i^2}} \tag{6.22}$$

式中 μ_{ij}——第 i 层第 j 根钢柱的计算长度系数;

I_{ij}——第 i 层第 j 柱的柱惯性矩;

$(N_{ij})_{cr}$——式(6.19b)求得的支撑钢框架柱临界力。

6.4 应用算例与比较验证

下文选取 2 个算例,用本章方法和有限元软件 ANSYS 进行计算比较。

ANSYS 求解时,节点均为刚接,进行弹性屈曲分析,忽略剪力墙剪切变形以及柱轴向变形的影响。

6.4.1　算例 1:弯曲型支撑钢框架

对于图 6.7 所示的采用弯曲型支撑钢框架结构体系的十二层公共建筑,其支撑体系为混凝土核心筒结构。筒体剪力墙截面高度为 250 cm,厚度随着建筑高度逐渐变化:30 cm(1—4 层)、25 cm(5—8 层)、20 cm(9—12 层),混凝土弹性模量 $E=2\ 000\ \mathrm{kN/cm^2}$;钢框架柱截面规格均为 400 mm×14 mm,钢梁截面规格均为 H650 cm×300 cm×10 cm×14 cm,层高 $h=400$ cm,钢材的弹性模量 $E=20\ 600\ \mathrm{kN/cm^2}$,荷载 $P=2\ 500$ kN,用本书方法求解结构整体稳定承载力及各层示意柱计算长度系数。

1)本书方法

①由于筒体剪力墙厚度随着高度的增加逐渐变化,由式(6.1b)可求得各层弯曲型支撑剪力墙的支撑刚度,由式(6.9)求得结构各层抗侧刚度 k_i,结果详见表 6.1。

②由式(6.6)求得底层临界侧移刚度,并与底层支撑刚度进行比较,由式(6.5)和式(6.7)求得各柱的临界刚度系数 α_{ij},结果详见图 6.7。

③将剪力墙节点荷载按照同层柱加载比例分配于同层各柱,求出各柱等效轴力,由式(6.16)求得结构各层荷载刚度 $k_{\mathrm{P}i}$,结果详见表 6.1。

④由式(6.14)求得结构各层整体抗侧刚度 K_i,由式(6.17)求得结构各层整体荷载刚度 $K_{\mathrm{P}i}$,由式(6.18a)求得各层层临界因子 λ_i,由式(6.19a)求得结构整体临界因子 λ,结果详见表 6.1。

⑤由式(6.19b)求得各钢框架柱稳定承载力$(N_{ij})_{\mathrm{cr}}$,由式(6.22)确定支承钢框架结构各柱的计算长度系数,详见表 6.1。

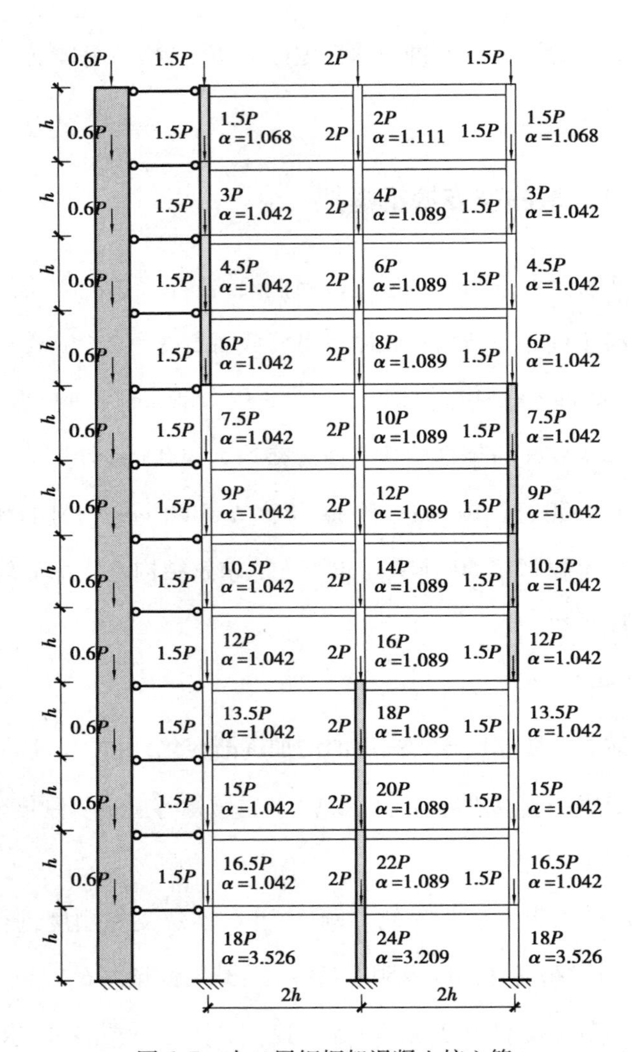

图 6.7　十二层钢框架混凝土核心筒

2）有限元软件 ANSYS 求解

使用有限元软件 ANSYS 进行弹性屈曲分析，剪力墙采用 shell43 单元，梁柱采用 beam3 单元，忽略剪力墙剪切变形以及柱轴向变形的影响。有限元 ANSYS 分析结果见表 6.1。

表 6.1　支撑钢框架临界承载力及计算长度系数对比结果

楼层	柱抗侧刚度 $\sum k_{ij}$	墙支撑刚度 $c_{\mathrm{w}i}$	层抗侧刚度 k_i	层荷载刚度 $k_{\mathrm{P}i}$	*整体抗侧刚度 K_i	*整体荷载刚度 $K_{\mathrm{P}i}$	层临界因子 λ_i	整体临界因子 λ	$(N_{ij})_{\mathrm{cr}}$ ①	ANSYS ②	①/②	μ_{ij} ③	ANSYS ④	③/④
12	224.509	1.933	226.713	37.982	23.630	12.280	1.924		4 834	4 784	1.010	3.646	3.665	0.995
11	224.509	2.531	227.311	74.256	26.379	18.148	1.454		9 668	9 567	1.011	2.578	2.592	0.995
10	224.509	3.397	228.177	111.384	29.842	24.017	1.243		14 501	14 351	1.010	2.105	2.116	0.995
9	224.509	4.696	229.476	148.512	34.332	30.620	1.121		19 335	19 134	1.011	1.823	1.833	0.995
8	224.509	6.741	231.521	185.640	40.371	38.573	1.047		24 169	23 918	1.010	1.631	1.639	0.995
7	224.509	10.142	234.922	222.768	48.897	48.689	1.004		29 003	28 701	1.011	1.488	1.496	0.995
6	224.509	16.232	241.012	259.896	61.748	62.307	**0.991**	**1.289**	33 836	33 485	1.010	1.378	1.385	0.995
5	224.509	28.256	253.036	297.024	83.015	81.956	1.013		38 670	38 268	1.011	1.289	1.296	0.995
4	224.509	55.605	280.385	334.152	123.544	113.186	1.092		58 005	57 402	1.011	1.053	1.058	0.995
3	224.509	132.78	357.560	371.280	220.847	171.164	1.290		64 450	63 780	1.011	0.998	1.004	0.995
2	224.509	451.43	676.210	408.408	577.544	317.564	1.819		70 895	70 158	1.011	0.952	0.957	0.995
1	320.318	3 637.1	3 957.421	427.663	957.421	427.66	2.772		77 340	76 536	1.011	0.911	0.916	0.995

注：整体结构的抗侧、荷载刚度分别为各层抗侧、荷载刚度的串联。

从表 6.1 可以看出，本书方法计算结果与 ANSYS 计算结果对比误差均在 2% 以内，计算精度很好，表明本书方法充分考虑了剪力墙与框架之间的相互作用、同层柱的相互支援以及层与层之间的支援作用。本算例的层临界因子最小值为 0.991，出现在第 6 层，表明该层为薄弱层，结构整体临界因子 λ 为 1.289，该层从刚度富余楼层获得支援，提高了该层结构临界承载力，提高比例为 30%。该算例 4—10 层的层临界因子均小于结构整体临界因子，表明这些楼层无刚度富余，这些楼层得到楼层刚度较大的其他楼层提供的支援。1 层、2 层、11 层和 12 层层临界因子大于结构整体临界因子，表明这些楼层有刚度富余，可为刚度较小的楼层提供刚度支援,临界力有所降低。其中,第 1 层层临界因子最大为 2.772,刚度富余程度最高,这主要是由于支撑钢框架结构底层剪力墙支撑作用最强;第 12 层层临界因子为 1.924,由于该层作用轴力较小,荷载刚度削弱程度较低,刚度富余程度相对较高。

6.4.2 算例 2:剪切型支撑钢框架

对于图 6.8 所示的四跨六层剪切型支撑钢框架商业建筑,剪切型支撑采用交叉斜杆,顶层无支撑。钢框架柱采用方箱型柱 200 mm×8 mm,顶层梁采用 HN248×124×5×8,其余各层梁采用 HN300×150×6×9,交叉斜撑采用等边角钢 L75×6mm(1—3 层)、L40×4mm(4—5 层),层高为 400 cm,各跨跨度均为 400 cm,弹性模量 $E=20\ 600\ \mathrm{kN/cm^2}$,荷载 $P=200$ kN,用本书方法求解该剪切型支撑钢框架结构临界力及各层填充示意柱计算长度系数。

1)本书方法

①由式(6.2)可求得各层剪切型支撑抗侧刚度 c_{wi},由式(6.6)求得层临界支撑刚度 c_{wTi},比较两者的大小关系,根据式(6.9)计算各层抗侧有效刚度 k_i,结果详见表 6.2。

②由式(6.5)和式(6.7)求得各柱的临界刚度系数 α_{ij},详见图 6.8。由式(6.16)计算剪切型支撑钢框架各层荷载刚度 k_{P_i},结果详见表 6.2。

③由式(6.11)求得结构各层整体抗侧有效刚度 K_i,由式(6.17)计算结构各层整体荷载刚度 K_{Pi},由式(6.18a)求得各层层临界因子 λ_i,由式(6.21)求得各层轴力权重参与系数 η_i,代入式(6.19a)求得结构整体临界因子 λ,结果详见表 6.2。

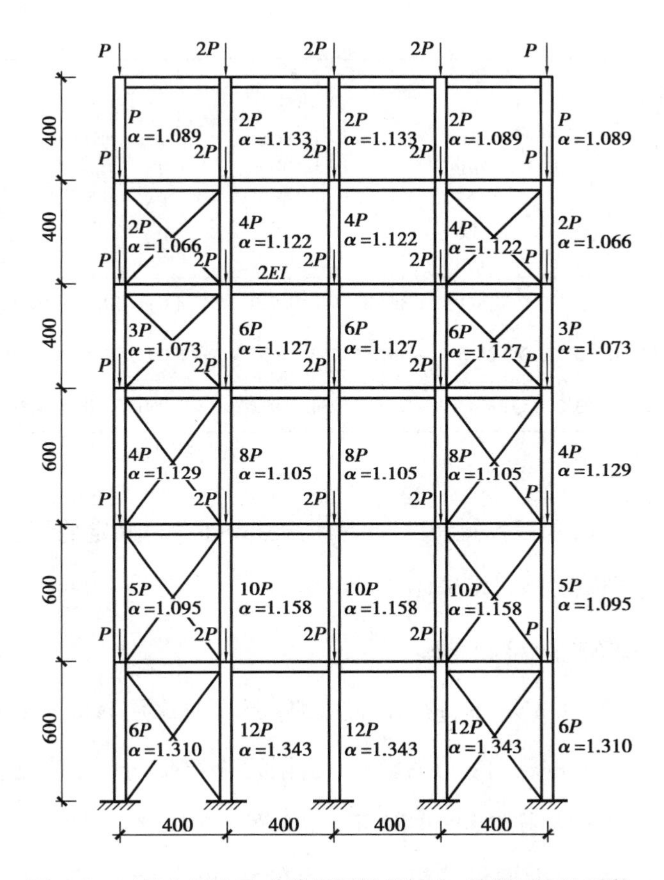

图 6.8　四跨六层交叉支撑钢框架及轴力、临界刚度比系数

表 6.2　剪切型支撑钢框架柱临界力及计算长度系数对比结果

楼层	柱抗刚度 $\sum k_{ij}$ /(kN·cm^{-1})	有效支撑刚度 c_{wi} /(kN·cm^{-1})	层抗侧有效刚度 k_i /(kN·cm^{-1})	层荷载刚度 $k_{\mathrm{P}i}$ /(kN·cm^{-1})	整体抗侧有效刚度 K_i /(kN·cm^{-1})	整体荷载刚度 $K_{\mathrm{P}i}$ /(kN·cm^{-1})	层临界因子 λ_i	轴力权重参与系数 η_i	整体临界因子 λ	$(N_{ij})_{\mathrm{cr}}$ ① /kN	ANSYS ② /kN	①/②	μ_{ij} ③	ANSYS ④	③/④
6	41.321	0	41.321	44.878	9.365	0.164	5.688	0.235		1 213	1 158	1.047	1.933	1.977	0.978
5	41.321	78.166	119.487	88.636	12.110	2.606	4.657	0.351	**3.304**	2 427	2 316	1.048	1.366	1.398	0.977
4	42.730	81.058	123.788	133.586	13.476	3.680	3.662	0.754		1 820	1 737	1.048	1.578	1.614	0.978

续表

楼层	柱抗刚度 $\sum k_{ij}$ /(kN · cm^{-1})	有效支撑刚度 c_{wi} /(kN · cm^{-1})	层抗侧有效刚度 k_i /(kN · cm^{-1})	层荷载刚度 k_{Pi} /(kN · cm^{-1})	整体抗侧有效刚度 K_i /(kN · cm^{-1})	整体荷载刚度 K_{Pi} /(kN · cm^{-1})	层临界因子 λ_i	轴力权重参与系数 η_i	整体临界因子 λ	$(N_{ij})_{cr}$ ① /kN	ANSYS ② /kN	①/②	μ_{ij} ③	ANSYS ④	③/④
3	13. 577	25. 847	39. 423	118. 508	15. 122	5. 080	2. 977	0. 959		4 854	4 632	1. 048	0. 644	0. 659	0. 977
2	14. 080	27. 683	41. 763	152. 342	24. 533	8. 892	2. 759	1. 0	**3. 304**	6 067	5 790	1. 048	0. 576	0. 590	0. 976
1	16. 101	43. 362	59. 463	213. 594	59. 463	21. 36	2. 784	0. 991		7 280	6 948	1. 048	0. 526	0. 539	0. 976

④由式(6. 19b)求得各柱临界力$(N_{ij})_{cr}$,由式(6. 22)确定剪切型支撑钢框架结构各柱的计算长度系数,结果详见表 6. 2。

2)有限元软件 ANSYS 求解

使用有限元软件 ANSYS 进行弹性屈曲分析,梁柱采用 beam3 单元,交叉斜撑采用 LINK1 单元,忽略轴向变形的影响。有限元 ANSYS 分析结果见表 6. 2。

由表 6. 2 可知,本书方法计算剪切型支撑钢框架柱的临界承载力和计算长度系数与有限元 ANSYS 计算结果相比误差均在 5% 以内,计算精度较好,表明本书方法考虑了交叉斜撑与钢框架柱的相互作用、同层柱的相互支援以及层与层之间的支援作用,弥补了规范法无法确定弱支撑弹性侧移类型钢框柱计算长度系数的不足。本算例整体结构临界因子 $\lambda=3.304$,剪切型支撑钢框架层临界因子的最小值所在楼层为第 2 层,表明该层为结构薄弱层,该层临界因子为 2. 759,该层从刚度富余楼层获得支援,提高了该层结构临界承载力,提高比例为 10%;该结构 1—3 层临界因子均小于结构整体临界因子,表明该三层结构无刚度富余,从刚度较大的楼层获得刚度支援,临界承载力有所提高;4—6 层临界因子大于结构整体临界因子,表明该三层有刚度富余,为刚度较小的楼层提供了刚度支援,临界承载力有所降低。其中,第 6 层虽未设置交叉斜撑但刚度富余程度最高,这主要是由于该层轴力小,荷载刚度对层抗侧刚度消耗程度低,对薄弱层的支援有限。

6.5　本章小结

①本章提供了一种能较为准确地求解支撑钢框架整体稳定临界承载力的解析算法,既能考虑支撑对钢框架柱的支撑作用,也能很好地考虑同层柱之间的相互支援及层与层之间的支援作用,为校核有限元整体稳定计算结果的可靠性提供了一种解析验证手段。

②通过分析层支撑刚度与层临界支撑刚度,可以判断支撑提供刚度的激活程度。当支撑提供的抗侧刚度大于层临界支撑刚度后,进一步提高该层的支撑刚度,无法提高结构临界承载力。

③通过分析楼层临界因子和整体结构临界因子,可以判断结构薄弱层所在位置,本文提供了一种分析支撑钢框架结构层与层之间支援作用的计算方法,能够区分提供支援和获得支援的楼层,可以定量地计算楼层临界承载力的提高程度。

本章参考文献

[1] 中华人民共和国住房和城乡建设部. 钢结构设计标准(GB 50017—2017)[S]. 北京:中国建筑工业出版社,2018.

[2] ANSI/AISC 360-16. Specification for Structural Steel Structures [S]. Chicago: American Institute of Steel Construction,2016.

[3] Eurocode 3: Design of steel structures [S]. Brussels: European Committee for Standardization,2005.

[4] Köing G,Liphardt S. Hochhäuser aus Stahlbeton [J]. Betonkalender 2003,1-69.

[5] Adolf Lubbertus Bouma. Mechanik schlanker Tragwerke: ausgewählte beispiele der

praxis[M]. Springer-Verlag Berlin Heidelberg,1993.

[6] CHEN W F, LUI E M. Stability design of steel frames[M]: Boca Raton: CRC Press,1991.

[7] ROSMAN R. Stability and dynamics of shear-wall frame structures[J]. Building Science, 1974,9(1):55-63.

[8] 铁摩辛柯 S P,盖莱 J M. 弹性稳定理论[M]. 2 版. 北京:科学出版社,1956.

[9] 包世华. 新编高层建筑结构[M]. 3 版. 北京:中国水利水电出版社,2013.

[10] 童根树. 钢结构的平面内稳定[M]. 北京:中国建筑工业出版社,2005.

[11] 陈绍蕃. 钢结构稳定设计指南[M]. 2 版. 北京:中国建筑工业出版社,2004.

[12] 兰树伟,周东华,双超,等. 一种计算框架-剪力墙临界承载力的解析法[J]. 振动与冲击,2020,39(19):48-54,77.

[13] 耿旭阳,周东华. 陈旭,等. 确定受压柱计算长度的通用图表[J]. 工程力学,2014,31(8):154-160,174.

第7章　斜腿钢框架整体稳定承载力的解析算法

对于斜腿框架而言,《钢结构设计标准》[1]中未有对其稳定承载力计算的相关公式和图表,由于斜腿框架横梁有轴力(压力),由于荷载刚度对抗侧刚度存在一定的削弱作用,因此减小了对斜腿柱的约束,而规范主要是针对直腿框架(全刚度约束),若还是用规范求斜腿框架稳定承载力,则误差会非常大。由于规范中分析计算所得的表格和公式都是以普通直角矩形框架为模型的,并且前提都只是考虑结构整体失稳时各柱的 $l_c\sqrt{\frac{N}{EI}}$ 值相等,摇摆柱对框架柱的影响采用放大系数处理,能考虑的因素较少。因此,本章主要讨论如何计算斜腿框架的稳定承载力和计算长度系数。

7.1　规则斜腿框架

对于直腿钢框架,由于该结构无水平方向的支撑,因此发生有侧移失稳比发生无侧移失稳要容易得多[2],即有侧移失稳的承载力会远小于无侧移失稳的承载力,有侧移失稳的优先级别更高。但是对于一些形状不同于直腿框架的结构而言,以上判断是不能使用的。例如,支撑柱的角度产生倾斜。由于支撑柱的角度倾斜后,其水平方向的刚度也增大,则发生有侧移失稳时的临界力可能会比无侧移失稳时的临界力要高得多。因为在计算时,假设的水平方向侧移 δ 是个不确定值,即 δ 可等于零(有侧移失稳),也可不等于零(无侧移失稳)。

7.1.1 底部固接斜腿框架

对于图 7.1 所示的底部固接斜腿框架,结构变形后的水平方向侧移为 δ,节点 B、C 转角分别为 θ_1、θ_2。i、i_R 为框架柱的线刚度和梁的线刚度,ε、ε_R 为框架柱和梁的特征系数,数值上 $\varepsilon = l\sqrt{\dfrac{N}{EI}}$。受压柱有了倾角后,其受力情况得到重新分配,即横梁也有了轴力,并且该轴力也对整体结构的稳定性产生了影响。

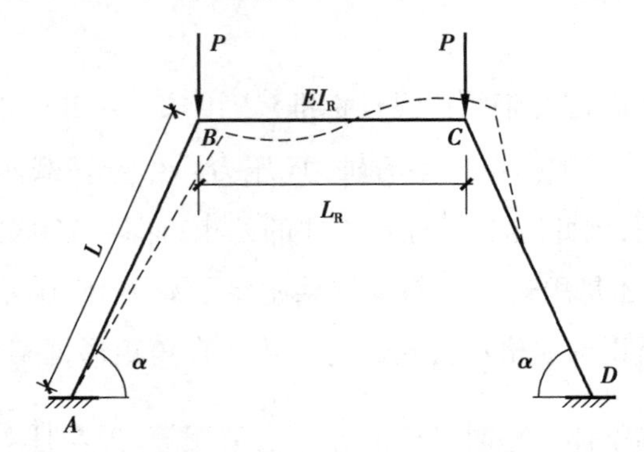

图 7.1 固定支座斜腿框架变形图

对于 BC 杆,由于 BC 杆没有剪力,故:

$$M_{BC} = i_R\theta_B \frac{\varepsilon_R}{\tan \varepsilon_R} - i_R\theta_C \frac{\varepsilon_R}{\sin \varepsilon_R} \tag{7.1}$$

$$M_{CB} = - i_R\theta_B \frac{\varepsilon_R}{\sin \varepsilon_R} + i_R\theta_B \frac{\varepsilon_R}{\tan \varepsilon_R} \tag{7.2}$$

对于 AB 杆:

$$M_{BA} = 4i\varphi_2(\varepsilon)\theta_B - 6i\frac{\Delta}{l}\eta_3(\varepsilon) \tag{7.3}$$

$$Q_{BA} = - 6\frac{i}{l}\theta_B\eta_3(\varepsilon) + 12i\frac{\Delta}{l^2}\eta_2(\varepsilon) \tag{7.4}$$

对于 CD 杆:

$$M_{CD} = 4i\varphi_2(\varepsilon)\theta_C - 6i\frac{\Delta}{l}\eta_3(\varepsilon) \tag{7.5}$$

$$Q_{CD} = -6\frac{i}{l}\theta_C\eta_3(\varepsilon) + 12i\frac{\Delta}{l^2}\eta_2(\varepsilon) \tag{7.6}$$

B 节点弯矩平衡：$M_{BA}+M_{BC}=0$

$$\left(i_R\frac{\varepsilon_R}{\tan\varepsilon_R} + 4i\varphi_2(\varepsilon)\right)\theta_B - i_R\frac{\varepsilon_R}{\sin\varepsilon_R}\theta_C - 6\frac{i}{l}\eta_3(\varepsilon)\Delta = 0 \tag{7.7}$$

C 节点弯矩平衡：$M_{CD}+M_{CB}=0$

$$\left(i_R\frac{\varepsilon_R}{\tan\varepsilon_R} + 4i\varphi_2(\varepsilon)\right)\theta_C - i_R\frac{\varepsilon_R}{\sin\varepsilon_R}\theta_B - 6\frac{i}{l}\eta_3(\varepsilon)\Delta = 0 \tag{7.8}$$

对于整个框架结构，水平方向剪力平衡：$Q_{AB}\sin\alpha+Q_{CD}\sin\alpha=0$

$$-6\frac{i}{l}\theta_B\eta_3(\varepsilon) - 6\frac{i}{l}\theta_C\eta_3(\varepsilon) + 2\frac{i}{l^2}\eta_2(\varepsilon)\Delta = 0 \tag{7.9}$$

由式(7.7)、式(7.8)和式(7.9)可得其矩阵方程：

$$\begin{bmatrix} i_R\frac{\varepsilon_R}{\tan\varepsilon_R} + 4i\varphi_2(\varepsilon) & -i_R\frac{\varepsilon_R}{\sin\varepsilon_R} & -6\frac{i}{l}\eta_3(\varepsilon) \\ -i_R\frac{\varepsilon_R}{\sin\varepsilon_R} & i_R\frac{\varepsilon_R}{\tan\varepsilon_R} + 4i\varphi_2(\varepsilon) & -6\frac{i}{l}\eta_3(\varepsilon) \\ -6\frac{i}{l}\eta_3(\varepsilon) & -6\frac{i}{l}\eta_3(\varepsilon) & 24\frac{i}{l^2}\eta_2(\varepsilon) \end{bmatrix} \cdot \begin{bmatrix} \theta_B \\ \theta_C \\ \Delta \end{bmatrix} = 0 \tag{7.10}$$

当整个结构处于未发生变形的初始平衡状态时，无转角和位移，此时的$\{\theta_B, \theta_C, \Delta\}$为0，但是这种初始状态平衡并不是我们想得到的平衡状态[3]。结构失稳后，斜柱发生的是由直变曲的过程，是有变形的，则向量不可能为0，故由此只能令矩阵方程中的刚度矩阵的行列式为0：

$$\begin{vmatrix} i_R\frac{\varepsilon_R}{\tan\varepsilon_R} + 4i\varphi_2(\varepsilon) & -i_R\frac{\varepsilon_R}{\sin\varepsilon_R} & -6\frac{i}{l}\eta_3(\varepsilon) \\ -i_R\frac{\varepsilon_R}{\sin\varepsilon_R} & i_R\frac{\varepsilon_R}{\tan\varepsilon_R} + 4i\varphi_2(\varepsilon) & -6\frac{i}{l}\eta_3(\varepsilon) \\ -6\frac{i}{l}\eta_3(\varepsilon) & -6\frac{i}{l}\eta_3(\varepsilon) & 24\frac{i}{l^2}\eta_2(\varepsilon) \end{vmatrix} = 0 \tag{7.11}$$

求解式(7.11)可得临界状态方程：

$$\left(\varepsilon\frac{\sin\varepsilon-\varepsilon\cos\varepsilon}{2-2\cos\varepsilon-\varepsilon\sin\varepsilon}+R\cdot\varepsilon_{\mathrm{R}}\frac{1+\cos\varepsilon_{\mathrm{R}}}{\sin\varepsilon_{\mathrm{R}}}\right)\left(-\frac{\varepsilon}{\tan\varepsilon}+R\cdot\varepsilon_{\mathrm{R}}\frac{1-\cos\varepsilon_{\mathrm{R}}}{\sin\varepsilon_{\mathrm{R}}}\right)=0 \tag{7.12}$$

此框架无侧移时，其水平位移为0，即Δ为0，此时向量$\{\theta_{\mathrm{B}},\theta_{\mathrm{C}},\Delta\}$中仅有$\Delta=0,\theta_{\mathrm{B}}\neq0,\theta_{\mathrm{C}}\neq0$是框架失稳屈曲的平衡条件。由这个条件解得的方程为$\frac{\sin\varepsilon-\varepsilon\cos\varepsilon}{2-2\cos\varepsilon-\varepsilon\sin\varepsilon}+R\cdot\varepsilon_{\mathrm{R}}\frac{1+\cos\varepsilon_{\mathrm{R}}}{\sin\varepsilon_{\mathrm{R}}}=0$，这就是框架在无侧移情况下的屈曲方程。

而当向量$\{\theta_{\mathrm{B}},\theta_{\mathrm{C}},\Delta\}$中$\theta_{\mathrm{B}}\neq0,\theta_{\mathrm{C}}\neq0,\Delta\neq0$时，该框架在有侧移情况下的特征方程为$-\frac{\varepsilon}{\tan\varepsilon}+R\cdot\varepsilon_{\mathrm{R}}\frac{1-\cos\varepsilon_{\mathrm{R}}}{\sin\varepsilon_{\mathrm{R}}}=0$。

上述方程中的R为梁柱线刚度系数比，即$R=\frac{i_{\mathrm{R}}}{i}=\frac{EI_{\mathrm{R}}}{l_{\mathrm{R}}}\cdot\frac{l}{EI}$。令$\delta^*=\frac{EI_{\mathrm{R}}}{EI}$，$\mu^*=\frac{l}{l_{\mathrm{R}}}$，则$R=\delta^*\cdot\mu^*$。

上面的临界方程均含有两个未知量(ε、ε_{R})，无法求解，需要消去一个未知量方可求解。结构达到临界状态时，正好是结构处在无位移和有位移的分界点(分叉点)，利用这一特性，可利用分叉前的变形状态(即结构各杆件都无位移)求解内力，此时斜腿框架实际上是由二力杆组成的结构(桁架结构)，即各杆内只有轴力，这样便可非常方便地利用节点平衡求得各杆的轴力与荷载P的关系。

横梁上的轴力与作用于柱顶的外荷载和斜腿柱的倾角有关。用结构力学[4]中的力法求解得出各杆的内力：杆AB的轴力$D=\frac{P}{\sin\alpha}$，杆BC的轴力$D_{\mathrm{R}}=\frac{P}{\tan\alpha}$。

求解有侧移失稳屈曲超越方程，变化长度比μ^*、刚度比δ^*和角度α这3个参数，绘制得到图7.2(图中倾斜角度为40°，其他角度见附表1)。

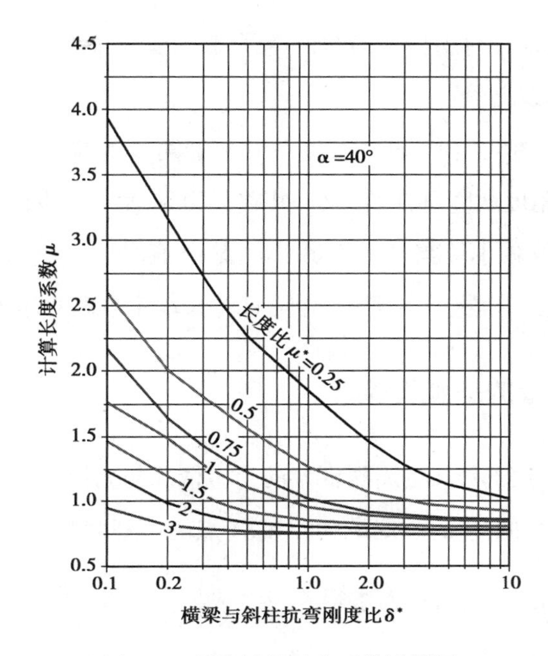

图 7.2　斜柱计算长度系数诺模图

由图 7.2 可知：

①当横梁与斜柱的长度比 μ^* 一定时，斜柱的计算长度系数随着横梁与斜柱的抗弯刚度比 δ^* 的增大而减小。δ^* 增大，即横梁的抗弯刚度 EI_R 增大或斜柱的抗弯刚度 EI 减小。当 EI_R 增大时，横梁加大了对斜柱的顶部约束，斜柱顶端约束不自由，则斜柱的承载力变强，因此根据欧拉公式 $F=\dfrac{\pi^2 EI}{(\varepsilon l)^2}$，其计算长度系数减小。当 EI 减小时，相对而言横梁的刚度变大，原理同上，最终的计算长度系数也减小。

②当 δ^* 不变时，柱的计算长度系数随着 μ^* 的增大而减小。同理，μ^* 增大时，斜柱的长度增大或横梁的长度减小。斜柱长度增大，看似结构承载力应该是变小的，其实不然。因为当斜柱长度增长到可以忽略横梁时，整个结构近似一种支撑结构，即结构只由两根斜杆组成（下章会分析这种结构），而这种结构的承载力是增大的，因此其计算长度系数减小。若横梁的长度减小，则横梁的

轴向刚度增大,则横梁对斜柱顶的约束增强,使横梁的临界承载力增大,故斜柱的计算长度系数减小。

③当δ^*和μ^*都一定时,计算长度系数随着角度的减小呈先减小再增大的变化过程。当柱角度从竖直开始减小,其临界力是增大的,因为横梁有了轴力,故其计算长度系数减小。当柱角度减小到某个值时,柱的竖向分量也越来越小,竖向失稳也越来越强,其临界力减小,计算长度系数相对增大。

7.1.2　底部铰接的斜腿框架

图7.3所示的底部铰接的斜腿框架的受力情况与固接相似,即杆BC也存在轴力,但是需要注意的是,斜腿底端为铰接,A点的弯矩为0,可求得$2i\theta_{AB}\varphi_3(\varepsilon)+4i\theta_B\varphi_2(\varepsilon)-6i\dfrac{\delta}{l}\eta_3(\varepsilon)=0$,进而求得$\theta_{AB}=3\dfrac{\eta_3(\varepsilon)}{\varphi_3(\varepsilon)}\dfrac{\delta}{l}-2\dfrac{\varphi_2(\varepsilon)}{\varphi_3(\varepsilon)}\theta_B$。

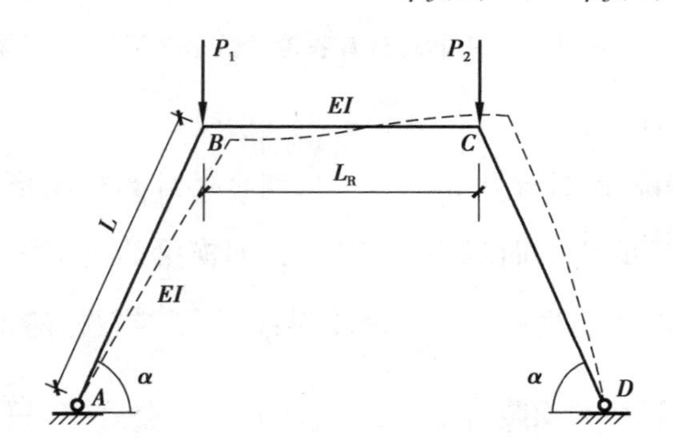

图7.3　支座铰接斜腿框架变形图

将求得的θ_{AB}利用二阶位移法可得到铰接斜柱的弯剪方程:

$$M_{BA}=3i\theta_B\varphi_1(\varepsilon)-3i\frac{\Delta}{l}\varphi_1(\varepsilon) \tag{7.13}$$

$$Q_{BA}=-\frac{3i}{l}\theta_B\varphi_1(\varepsilon)+3i\frac{\Delta}{l^2}\eta_1(\varepsilon) \tag{7.14}$$

对于BC杆,因为其存在轴力和弯矩,不存在剪力,故可得出其弯矩方程:

$$M_{BC}=i_R\theta_B\frac{\varepsilon_R}{\tan\varepsilon_R}-i_R\theta_C\frac{\varepsilon_R}{\sin\varepsilon_R} \tag{7.15}$$

$$M_{CB}=-i_R\theta_B\frac{\varepsilon_R}{\sin\varepsilon_R}+i_R\theta_C\frac{\varepsilon_R}{\tan\varepsilon_R} \tag{7.16}$$

对于 CD 杆,分析同 AB 杆:

$$M_{CD}=3i\theta_C\varphi_1(\varepsilon)-3i\frac{\Delta}{l}\varphi_1(\varepsilon) \tag{7.17}$$

$$Q_{CD}=-3\frac{i}{l}\theta_C\varphi_1(\varepsilon)+3i\frac{\Delta}{l^2}\eta_1(\varepsilon) \tag{7.18}$$

B 节点弯矩平衡:$M_{BA}+M_{BC}=0$。

$$\left(i_R\frac{\varepsilon_R}{\tan\varepsilon_R}+3i\varphi_1(\varepsilon)\right)\theta_B-i_R\frac{\varepsilon_R}{\sin\varepsilon_R}\theta_C-3i\frac{\Delta}{l}\varphi_1(\varepsilon)=0 \tag{7.19}$$

C 节点弯矩平衡: $M_{CB}+M_{CD}=0$。

$$-i_R\frac{\varepsilon_R}{\sin\varepsilon_R}\theta_B+\left(i_R\frac{\varepsilon_R}{\tan\varepsilon_R}+3i\varphi_1(\varepsilon)\right)\theta_C-3i\frac{\Delta}{l}\varphi_1(\varepsilon)=0 \tag{7.20}$$

对于整个钢架结构,其水平方向剪力平衡:$Q_{AB}\sin\alpha+Q_{CD}\sin\alpha=0$。

$$-\frac{3i}{l}\theta_B\varphi_1(\varepsilon)-3\frac{i}{l}\theta_C\varphi_1(\varepsilon)+6i\frac{\Delta}{l^2}\eta_1(\varepsilon)=0 \tag{7.21}$$

联立式(7.19)、式(7.20)、式(7.21)可得出其矩阵方程为

$$\begin{bmatrix} i_R\frac{\varepsilon_R}{\tan\varepsilon_R}+3i\varphi_1(\varepsilon) & -i_R\frac{\varepsilon_R}{\sin\varepsilon_R} & -3\frac{i}{l}\varphi_1(\varepsilon) \\ -i_R\frac{\varepsilon_R}{\sin\varepsilon_R} & i_R\frac{\varepsilon_R}{\tan\varepsilon_R}+3i\varphi_1(\varepsilon) & -3\frac{i}{l}\varphi_1(\varepsilon) \\ -3\frac{i}{l}\varphi_1(\varepsilon) & -3\frac{i}{l}\varphi_1(\varepsilon) & 6\frac{i}{l^2}\eta_1(\varepsilon) \end{bmatrix}\cdot\begin{bmatrix}\theta_B\\ \theta_C\\ \Delta\end{bmatrix}=0 \tag{7.22}$$

当整个结构处于未发生变形的初始平衡状态时,无转角和位移,此时的 $\{\theta_B,\theta_C,\Delta\}$ 为 0,但是这种初始状态平衡并不是我们想得到的平衡状态。结构失稳后,斜柱发生的是由直变曲的过程,是有变形的,则向量就不可能为 0,故由此只能令上述方程中的刚度矩阵的行列式为 0:

$$\begin{vmatrix} i_R \dfrac{\varepsilon_R}{\tan \varepsilon_R} + 3i\varphi_1(\varepsilon) & -i_R \dfrac{\varepsilon_R}{\sin \varepsilon_R} & -3 \dfrac{i}{l}\varphi_1(\varepsilon) \\ -i_R \dfrac{\varepsilon_R}{\sin \varepsilon_R} & i_R \dfrac{\varepsilon_R}{\tan \varepsilon_R} + 3i\varphi_1(\varepsilon) & -3 \dfrac{i}{l}\varphi_1(\varepsilon) \\ -3 \dfrac{i}{l}\varphi_1(\varepsilon) & -3 \dfrac{i}{l}\varphi_1(\varepsilon) & 6 \dfrac{i}{l^2}\eta_1(\varepsilon) \end{vmatrix} = 0 \quad (7.23)$$

求解式(7.23)可得临界状态方程[5]：

$$\left(\frac{\varepsilon^2 \sin \varepsilon}{\sin \varepsilon - \varepsilon \cos \varepsilon} + \varepsilon_R \frac{2 \sin \varepsilon_R - \varepsilon_R \cos \varepsilon_R - \varepsilon_R}{2 - 2 \cos \varepsilon_R - \varepsilon_R \sin \varepsilon_R}\right)\left(\varepsilon \tan \varepsilon + R \cdot \varepsilon_R \frac{1 - \cos \varepsilon_R}{\sin \varepsilon_R}\right) = 0 \quad (7.24)$$

此框架无侧移时，水平位移为0，即Δ为0，此时向量$\{\theta_B, \theta_C, \Delta\}$中仅有$\Delta = 0, \theta_B \neq 0, \theta_C \neq 0$是框架失稳屈曲的平衡条件。由这个条件解得的方程为$\dfrac{\varepsilon^2 \sin \varepsilon}{\sin \varepsilon - \varepsilon \cos \varepsilon} + \varepsilon_R \dfrac{2 \sin \varepsilon_R - \varepsilon_R \cos \varepsilon_R - \varepsilon_R}{2 - 2 \cos \varepsilon_R - \varepsilon_R \sin \varepsilon_R} = 0$，这是框架在无侧移情况下的屈曲方程。

当向量$\{\theta_B, \theta_C, \Delta\}$中$\theta_B \neq 0, \theta_C \neq 0, \Delta \neq 0$时，该框架在有侧移情况下的特征方程为$\varepsilon \tan \varepsilon + R \cdot \varepsilon_R \dfrac{1 - \cos \varepsilon_R}{\sin \varepsilon_R} = 0$。

上述方程中的R为线刚度系数比，即$R = \dfrac{i_R}{i} = \dfrac{EI_R}{l_R} \cdot \dfrac{l}{EI}$。令$\delta^* = \dfrac{EI_R}{EI}, \mu^* = \dfrac{l}{l_R}$，则$R = \delta^* \cdot \mu^*$。横梁上的轴力与作用于柱顶的荷载和斜腿柱的倾角有关。用结构力学中的力法求解得出各杆的内力：杆AB的轴力$D = \dfrac{P}{\sin \alpha}$，杆$BC$的轴力$D_R = \dfrac{P}{\tan \alpha}$。

求解有侧移失稳屈曲超越方程，变化长度比μ^*、刚度比δ^*和角度α这3个参数，绘制得到图7.4(图中斜腿角度为30°，其他角度见附表2)。

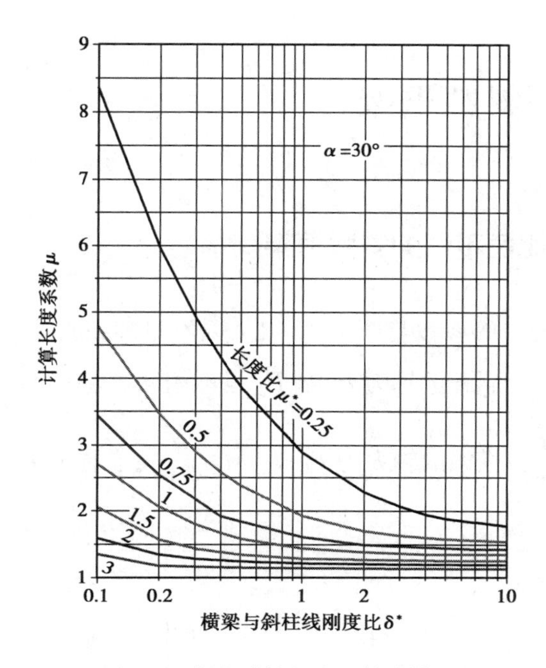

图 7.4 斜柱计算长度系数诺模图

从图 7.4 可以很明显地看出,其变化趋势与支座固接角度变化时是类似的。同样地,长度比 μ^* 一定时,斜柱的计算长度系数随着刚度比 δ^* 的增大而减小;当 δ^* 一定时,柱的计算长度系数随着 μ^* 的增大而减小。当 δ^* 与 μ^* 都不变时,计算长度系数随着角度的减小呈先减小后增大趋势。

从两种支座类型(铰接和固结)的图中看出,当斜柱与横梁的长度与刚度比与固结都相同时,支座铰接斜腿柱的计算长度系数大于支座固接斜腿柱,相应的临界力则是支座铰接斜腿柱小于支座固接斜腿柱的。可见,底部约束越强烈,则临界力越大,这与支座约束的反力有关。

7.2 不规则斜腿框架

7.2.1 外荷载比值不同的斜腿框架

图 7.5 中各杆件的参数与图 7.3 一样，只不过加在其左、右柱的荷载是不相同的，故左、右两个斜杆的轴力 P_1 和 P_2 也不相同。左柱 AB 的轴力为 F_1，其特征系数 $\varepsilon_1 = l\sqrt{\dfrac{F_1}{EI}}$；横梁的轴力为 F_R，$\varepsilon_R = l_R\sqrt{\dfrac{F_R}{EI}}$；右柱 CD 的轴力为 F_2，$\varepsilon_2 = l\sqrt{\dfrac{F_2}{EI}}$。

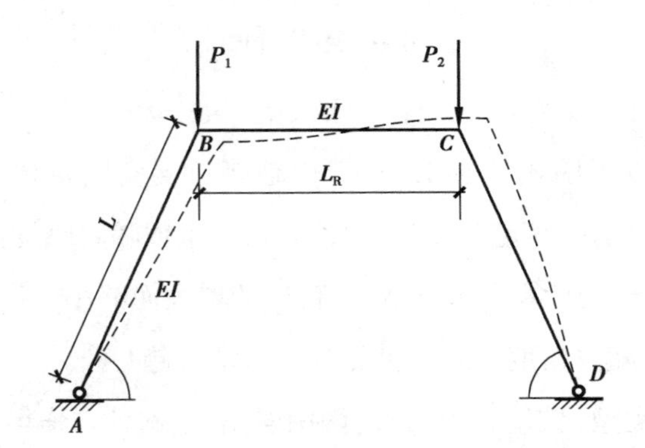

图 7.5　施加不同荷载时斜腿框架变形图

AB 杆弯剪方程为

$$M_{BA} = 3i\theta_B\varphi_1(\varepsilon_1) - 3i\frac{\Delta}{l}\varphi_1(\varepsilon_1) \tag{7.25}$$

$$Q_{BA} = -\frac{3i}{l}\theta_B\varphi_1(\varepsilon_1) + 3i\frac{\Delta}{l^2}\eta_1(\varepsilon_1) \tag{7.26}$$

BC 杆弯剪方程为

$$M_{BC} = 4i\varphi_2(\varepsilon_R)\theta_B + 2i\varphi_3(\varepsilon_R)\theta_C \tag{7.27}$$

$$M_{CB}=4i\varphi_2(\varepsilon_R)\theta_C+2i\varphi_3(\varepsilon_R)\theta_B \tag{7.28}$$

CD 杆弯剪方程为

$$M_{CD}=3i\theta_C\varphi_1(\varepsilon_2)-3i\frac{\Delta}{l}\varphi_1(\varepsilon_2) \tag{7.29}$$

$$Q_{CD}=-3\frac{i}{l}\theta_C\varphi_1(\varepsilon_2)+3i\frac{\Delta}{l^2}\eta_1(\varepsilon_2) \tag{7.30}$$

B 节点弯矩平衡：$M_{BA}+M_{BC}=0$。

$$[4i\varphi_2(\varepsilon_R)+3i\varphi_1(\varepsilon_1)]\theta_B+2i\varphi_3(\varepsilon_R)\theta_C-3i\frac{\Delta}{l}\varphi_1(\varepsilon_1)=0 \tag{7.31}$$

C 节点弯矩平衡：$M_{CB}+M_{CD}=0$。

$$2i\varphi_3(\varepsilon_R)\theta_B+[4i\varphi_2(\varepsilon_R)+3i\varphi_1(\varepsilon_2)]\theta_C-3i\frac{\Delta}{l}\varphi_1(\varepsilon_2)=0 \tag{7.32}$$

整个钢架结构的水平方向剪力平衡：$Q_{AB}\sin\alpha+Q_{CD}\sin\alpha=0$。

$$-3\frac{i}{l}\theta_B\varphi_1(\varepsilon_1)-3\frac{i}{l}\theta_C\varphi_1(\varepsilon_2)+3i\frac{\Delta}{l^2}\eta_1(\varepsilon_1)+3i\frac{\Delta}{l^2}\eta_1(\varepsilon_2)=0 \tag{7.33}$$

联立式(7.31)、式(7.32)和式(7.33)可得到矩阵方程：

$$\begin{bmatrix} 4i\varphi_2(\varepsilon_R)+3i\varphi_1(\varepsilon_1) & 2i\varphi_3(\varepsilon_R) & -3\frac{i}{l}\varphi_1(\varepsilon_1) \\ 2i\varphi_3(\varepsilon_R) & 4i\varphi_2(\varepsilon_R)+3i\varphi_1(\varepsilon_2) & -3\frac{i}{l}\varphi_1(\varepsilon_2) \\ -3\frac{i}{l}\varphi_1(\varepsilon_1) & -3\frac{i}{l}\varphi_1(\varepsilon_2) & 3\frac{i}{l^2}\eta_1(\varepsilon_1)+3\frac{i}{l^2}\eta_1(\varepsilon_2) \end{bmatrix}\cdot\begin{bmatrix}\theta_B\\ \theta_C\\ \Delta\end{bmatrix}=0 \tag{7.34}$$

整个结构处于未发生变形的初始平衡状态时，无转角和位移，此时的$\{\theta_B,\theta_C,\Delta\}$为 0，但是这种初始状态平衡并不是我们想得到的平衡状态。结构失稳后，斜柱发生的是由直变曲的过程，是有变形的，则向量不可能为 0，故由此只能令上述方程中的刚度矩阵的行列式为 0：

$$\begin{vmatrix} 4i\varphi_2(\varepsilon_R) + 3i\varphi_1(\varepsilon_1) & 2i\varphi_3(\varepsilon_R) & -3\frac{i}{l}\varphi_1(\varepsilon_1) \\ 2i_R\varphi_3(\varepsilon_R) & 4i\varphi_2(\varepsilon_R) + 3i\varphi_1(\varepsilon_2) & -3\frac{i}{l}\varphi_1(\varepsilon_2) \\ -3\frac{i}{l}\varphi_1(\varepsilon_1) & -3\frac{i}{l}\varphi_1(\varepsilon_2) & 3\frac{i}{l^2}\eta_1(\varepsilon_1) + 3\frac{i}{l^2}\eta_1(\varepsilon_2) \end{vmatrix} = 0 \tag{7.35}$$

求解上述刚度矩阵行列式可得临界状态方程：

$$\{4\varphi_2(\varepsilon_R) + 3\varphi_1(\varepsilon_1) - 2\varphi_3(\varepsilon_R)\}$$
$$\{[3\varphi_1(\varepsilon_1) + 4\varphi_2(\varepsilon_R) + 2\varphi_3(\varepsilon_R)]\cdot[\eta_1(\varepsilon_1) + \eta_1(\varepsilon_2)] -$$
$$3\varphi_1(\varepsilon_1)[\varphi_1(\varepsilon_1) + \varphi_1(\varepsilon_2)]\} = 0 \tag{7.36}$$

此框架无侧移时，水平位移为0，即Δ为0，此时向量$\{\theta_B,\theta_C,\Delta\}$中仅有$\Delta=0$，$\theta_B\neq0,\theta_C\neq0$是框架失稳屈曲的平衡条件。由这个条件解得的方程为$4R\varphi_2(\varepsilon_R)+3\varphi_1(\varepsilon_1)-2R\varphi_3(\varepsilon_R)=0$，这是框架在无侧移情况下的屈曲方程。当向量$\{\theta_B,\theta_C,\Delta\}$中$\theta_B\neq0,\theta_C\neq0,\Delta\neq0$时，该框架在有侧移情况下的特征方程为

$$[3\varphi_1(\varepsilon_1) + 4R\varphi_2(\varepsilon_R) + 2R\varphi_3(\varepsilon_R)]\cdot[\eta_1(\varepsilon_1) + \eta_1(\varepsilon_2)] -$$
$$3\varphi_1(\varepsilon_1)[\varphi_1(\varepsilon_1) + \varphi_1(\varepsilon_2)] = 0 \tag{7.37}$$

横梁上的轴心压力与作用于柱顶的荷载和斜腿柱的倾角有关。用力法求解得出各杆的内力：

杆AB的轴力：

$$F_1 = \frac{P_1(l_R + l\cos\alpha) + P_2 l\cos\alpha}{2l\cos\alpha + l_R}\cdot\sin\alpha + \frac{P_1 + P_2}{2}\cos^2\alpha$$

杆CD的轴力：

$$F_2 = \frac{P_1 l\cos\alpha + P_2(l_R + l\cos\alpha)}{2l\cos\alpha + l_R}\cdot\sin\alpha + \frac{P_1 + P_2}{2}\cos^2\alpha$$

横梁BC的轴力：

$$F_R = \frac{(P_1 + P_2)\cos\alpha}{2}$$

可以看到,该类结构是和上文中的铰接支座斜腿框架一样的,只是在柱顶施加的外荷载不一样,因此对于该类结构,由长度和刚度比值的不同而引起结构临界力变化的趋势和上文中的铰接支座斜腿框架是一样的。为了更好地研究施加外荷载对临界力的影响,在计算时取横梁与柱子的长度刚度相等来讨论。大量的有限元计算结果表明:当外荷载的比值不变时,左斜柱的计算长度系数随着长度比的增大而减小,右斜柱的计算长度系数随着长度比的增大而减小的;长度比不变时,左柱的计算长度系数随着外荷载比值的增大而增大,右柱则是随着外荷载比值的减小而减小,两者的变化趋势完全相反,都随着外荷载比值的增大而愈加趋于稳定。这说明当其中一个外荷载已经大于它的极限承载力后再继续增大时,这根柱子其实已经没有任何刚度了,再继续增大外荷载,柱子已经没有支撑作用了。

对于这种外荷载不同的结构,在两个斜柱同时加载,加载大的斜柱会先达到临界状态,再继续加载,已经达到临界状态的斜柱必然会失去稳定,但是由于另一个斜柱还没达到临界状态而通过横梁支撑已经失去稳定的斜柱,使得整个结构保持稳定。所加的外荷载越大,结构会更快地提前失稳,也会更快地达到临界力。

7.2.2 单边柱倾斜的框架

图7.6中的左柱倾斜长度为 l_2,右柱垂直长度为 l_1,两柱的抗弯刚度都为 EI;横梁长度为 l_R,抗弯刚度为 EI_R。两柱的轴力不同,右柱的轴力为 F_1,其特征系数 $\varepsilon_1=l_1\sqrt{\dfrac{F_1}{EI}}$;左柱的轴力为 F_2,其特征系数 $\varepsilon_2=l_2\sqrt{\dfrac{F_2}{EI}}$,横梁的轴力为 F_R,其特征系数 $\varepsilon_R=l_R\sqrt{\dfrac{F_R}{EI_R}}$。

AB 杆弯剪方程为

$$M_{BA}=3i_1\theta_B\varphi_1(\varepsilon_1)-3i_1\frac{\Delta}{l_1}\varphi_1(\varepsilon_1) \tag{7.38}$$

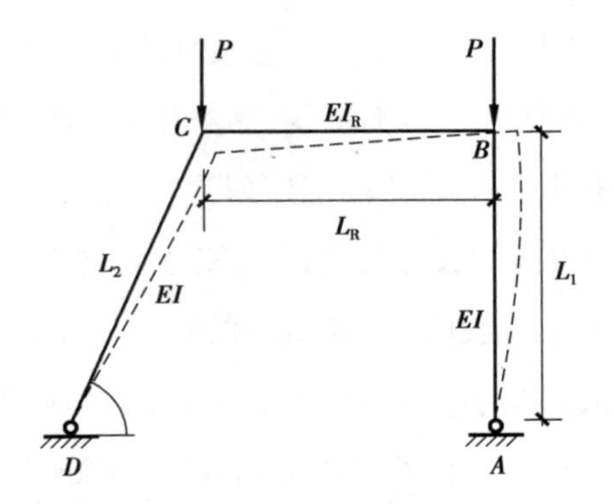

图 7.6　单根柱倾斜的框架变形图

$$Q_{BA}=-\frac{3i_1}{l_1}\theta_B\varphi_1(\varepsilon_1)+3i_1\frac{\Delta}{l_1^{\,2}}\eta_1(\varepsilon_1) \tag{7.39}$$

BC 杆弯剪方程为

$$M_{BC}=4i_R\varphi_2(\varepsilon_R)\theta_B+2i_R\varphi_3(\varepsilon_R)\theta_C \tag{7.40}$$

$$M_{CB}=4i_R\varphi_2(\varepsilon_R)\theta_C+2i_R\varphi_3(\varepsilon_R)\theta_B \tag{7.41}$$

CD 杆弯剪方程为

$$M_{CD}=3i_2\theta_C\varphi_1(\varepsilon_2)-3i_2\frac{\Delta}{l_2}\varphi_1(\varepsilon_2) \tag{7.42}$$

$$Q_{CD}=-3\frac{i_2}{l_2}\theta_C\varphi_1(\varepsilon_2)+3i_2\frac{\Delta}{l_2^{\,2}}\eta_1(\varepsilon_2) \tag{7.43}$$

B 节点弯矩平衡：$M_{BA}+M_{BC}=0$。

$$[4i_R\varphi_2(\varepsilon_R)+3i_1\varphi_1(\varepsilon_1)]\theta_B+2i_R\varphi_3(\varepsilon_R)\theta_C-3i_2\frac{\Delta}{l_1}\varphi_1(\varepsilon_1)=0 \tag{7.44}$$

C 节点弯矩平衡：$M_{CB}+M_{CD}=0$。

$$2i_R\varphi_3(\varepsilon_R)\theta_B+[4i_R\varphi_2(\varepsilon_R)+3i_2\varphi_1(\varepsilon_2)]\theta_C-3i_2\frac{\Delta}{l_2}\varphi_1(\varepsilon_2)=0 \tag{7.45}$$

整个钢架结构的水平方向剪力平衡：$Q_{AB}+Q_{CD}\sin\alpha=0$。

$$-3\frac{i_1}{l_1}\theta_B\varphi_1(\varepsilon_1)-3\frac{i_2}{l_2}\theta_C\varphi_1(\varepsilon_2)\cdot\sin\alpha+3i_1\frac{\Delta}{l_1^{\,2}}\eta_1(\varepsilon_1)+3i_2\frac{\Delta}{l_2^{\,2}}\eta_1(\varepsilon_2)\cdot\sin\alpha=0 \tag{7.46}$$

由式(7.44)、式(7.45)、式(7.46)可解出其矩阵方程为

$$\begin{bmatrix} 4i_R\varphi_2(\varepsilon_R)+3i_1\varphi_1(\varepsilon_1) & 2i_R\varphi_3(\varepsilon_R) & -3\dfrac{i_1}{l_1}\varphi_1(\varepsilon_1) \\ 2i_R\varphi_3(\varepsilon_R) & 4i_R\varphi_2(\varepsilon_R)+3i_2\varphi_1(\varepsilon_2) & -3\dfrac{i_2}{l_2}\varphi_1(\varepsilon_2) \\ -3\dfrac{i_1}{l_1}\varphi_1(\varepsilon_1) & -3\dfrac{i_2}{l_2}\varphi_1(\varepsilon_2)\cdot\sin\alpha & 3\dfrac{i_1}{l_1{}^2}\eta_1(\varepsilon_1)+3\dfrac{i_2}{l_2{}^2}\eta_1(\varepsilon_2)\cdot\sin\alpha \end{bmatrix}\cdot$$

$$\begin{bmatrix}\theta_B\\ \theta_C\\ \Delta\end{bmatrix}=0 \tag{7.47}$$

分析同前,令上述方程中的刚度矩阵的行列式为 0:

$$\begin{vmatrix} 4i_R\varphi_2(\varepsilon_R)+3i_1\varphi_1(\varepsilon_1) & 2i_R\varphi_3(\varepsilon_R) & -3\dfrac{i_1}{l_1}\varphi_1(\varepsilon_1) \\ 2i_R\varphi_3(\varepsilon_R) & 4i_R\varphi_2(\varepsilon_R)+3i_2\varphi_1(\varepsilon_2) & -3\dfrac{i_2}{l_2}\varphi_1(\varepsilon_2) \\ -3\dfrac{i_1}{l_1}\varphi_1(\varepsilon_1) & -3\dfrac{i_2}{l_2}\varphi_1(\varepsilon_2)\cdot\sin\alpha & 3\dfrac{i_1}{l_1{}^2}\eta_1(\varepsilon_1)+3\dfrac{i_2}{l_2{}^2}\eta_1(\varepsilon_2)\cdot\sin\alpha \end{vmatrix} = 0 \tag{7.48}$$

求解式(7.48)可得屈曲状态方程:

$$\begin{aligned}&[4K_1\varphi_2(\varepsilon_R)+3\varphi_1(\varepsilon_1)]\cdot[4K_2\varphi_2(\varepsilon_R)+3\varphi_1(\varepsilon_R)]\cdot\left[\frac{\eta_1(\varepsilon_1)}{l_1^2}+K_3\frac{\eta_1(\varepsilon_2)}{l_2^2}\right]+\\&6K_2K_3\frac{\varphi_1(\varepsilon_1)\cdot\varphi_1(\varepsilon_2)\cdot\varphi_3(\varepsilon_R)}{l_1\cdot l_2}+6K_3\frac{\varphi_1(\varepsilon_1)\cdot\varphi_1(\varepsilon_2)\cdot\varphi_3(\varepsilon_R)}{l_1\cdot l_2}\sin\alpha-\\&3K_3\frac{\varphi_1^2(\varepsilon_1)}{l_1^2}[4K_2\varphi_2(\varepsilon_R)+3\varphi_1(\varepsilon_2)]-4K_2\varphi_3^2(\varepsilon_R)\left[\frac{\eta_1(\varepsilon_1)}{l_1^2}+K_3\frac{\eta_1(\varepsilon_2)}{l_2^2}\right]+\\&3K_3[4K_1\varphi_2(\varepsilon_R)+3\varphi_1(\varepsilon_1)]\frac{\varphi_1^2(\varepsilon_2)}{l_1^2}\sin\alpha=0\end{aligned} \tag{7.49}$$

式(7.49)是一个超越方程,并不存在唯一解,因此并不能直接求得解析解。上

述方程中的 R 为线刚度系数比，即 $R_1=\frac{i_R}{i_1}=\frac{EI_R}{l_R}\cdot\frac{l_1}{EI},R_2=\frac{i_R}{i_2}=\frac{EI_R}{l_R}\cdot\frac{l_2}{EI},R_3=\frac{R_1}{R_2}$。

用力法求解得出单边柱倾斜框架各杆的内力：

杆 AB 的轴力：

$$F_1=\frac{l_R+2l\cos\alpha}{l_R+l\cos\alpha}P$$

杆 CD 的轴力：

$$F_2=\frac{l_R\cdot l\cos\alpha}{l_R-l\cos\alpha}\cdot\frac{3l_R+2l}{l\sin\alpha+3l_R+l}\cdot P\cdot\cos\alpha+\frac{l_R}{l\cos\alpha+l_R}\cdot P\cdot\sin\alpha$$

横梁 BC 的轴力：

$$F_R=\frac{l_R\cdot l\cos\alpha}{l_R-l\cos\alpha}\cdot\frac{3l_R+2l}{l\sin\alpha+3l_R+l}\cdot P$$

由于变化的参数太多，无法在同一个图形中表达出来，而本书研究的是斜腿角度变化对临界力的影响，故在这里选取一些特定的参数以观察临界力变化趋势。图 7.7 和图 7.8 将选取横梁与斜柱的长度相等的情况。

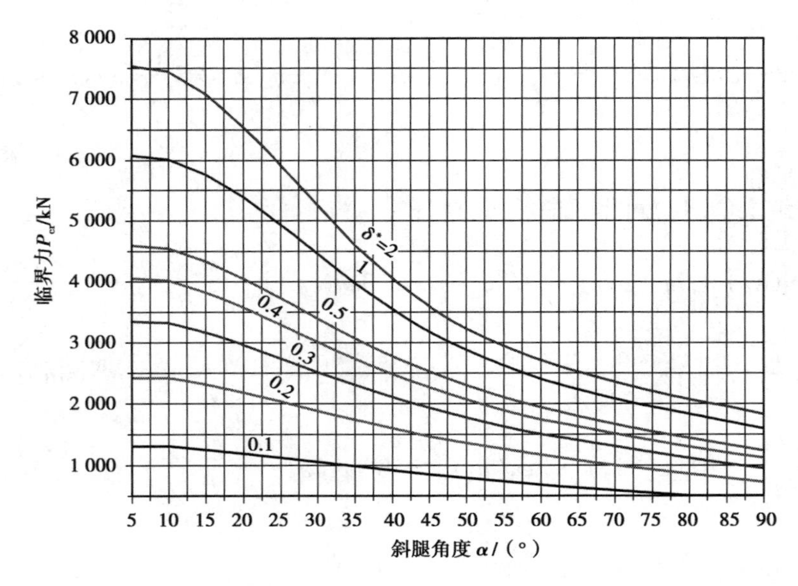

图 7.7　倾斜柱临界力变化曲线图

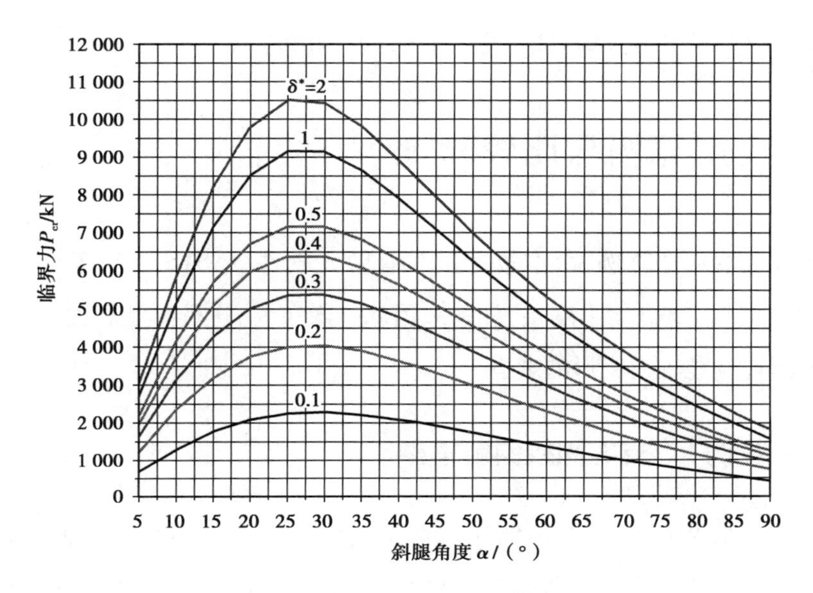

图7.8　直柱临界力变化曲线图

可以从图7.7、图7.8看到,在横梁与斜腿的长度相等的情况下:

①斜腿与横梁的刚度比值不变,对于这种单斜腿的结构,其斜腿的临界力随着斜腿角度的增大(由水平增加到竖直)而不断减小,而直柱的临界力却是先增大后减小的。

②当斜腿的角度不变时,其斜腿的临界力随着斜腿与横梁的刚度比值的增大而增大,直柱的临界力同样也随着两者刚度比值的增大而增大。

对于这种只有单根柱倾斜的结构,在柱顶部同时施加了竖向的外荷载,直腿柱由于轴向方向与外荷载相同,因此竖向外荷载全部转变为直柱的轴力。由于另一个支撑柱倾斜,这个斜腿顶部的外荷载由斜柱和横梁通过轴力和弯剪共同分担,横梁的轴力又对直柱的约束产生影响,直柱的临界力也产生了变化。

直柱临界力先增大后减小的原因是:当斜腿由竖直状态(α-90°)逐渐减小时,斜腿轴力的水平分量不断增大,该结构的抗侧刚度不断增大,因此直柱的临界力也一直增大,直到因斜腿轴力的竖向分量引起减小的临界力大于因水平分量而增大的临界力时,斜腿临界力的增幅开始减小,但始终处于增加状态,由于直柱需要支撑斜柱,因此其能承担的临界力开始减小。

7.3 应用算例与比较验证

下文选取4个算例,用本章方法和有限元软件 ANSYS 进行了计算比较。ANSYS 求解时,节点均为刚接,杆系采用 beam3 单元,进行弹性屈曲分析,忽略剪切变形以及柱轴向变形的影响。

7.3.1 算例1:支座固接斜腿框架

对于图7.9所示的固接斜腿钢框架,框架梁柱钢材弹性模量 $E=2.1\times10^4$ kN/cm,泊松比为0.3,横梁与斜柱的截面积为 10×20 cm^2,则横梁与斜柱的截面惯性矩 $I=\frac{10\times20^3}{12}$cm^4,斜腿角度为30°。利用本章方法确定该固接斜腿钢框架柱计算长度系数。

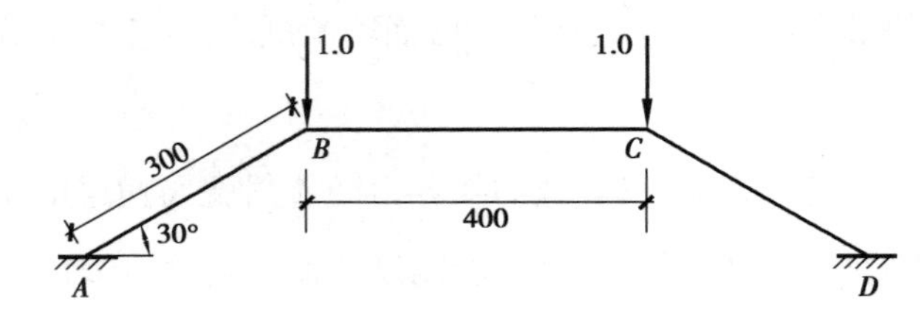

图7.9 固接斜腿钢框架几何关系图

1)本书方法

采用二阶位移法求解计算长度系数时,需先计算如下参数:

$$R=\frac{i_{\mathrm{R}}}{i}=\frac{EI_{\mathrm{R}}}{l_{\mathrm{R}}}\cdot\frac{l}{EI}=\frac{\frac{10\times20^3}{12}}{400}\cdot\frac{300}{\frac{10\times20^3}{12}}=0.75$$

$$\mu^*=\frac{l}{l_R}=\frac{300}{400}=0.75$$

$$\delta^* = \frac{I_R}{I} = \frac{\dfrac{10 \times 20^3}{12}}{\dfrac{10 \times 20^3}{12}} = 1$$

$$\varepsilon_R = \varepsilon \frac{\sqrt{\cos \alpha}}{\mu \cdot \sqrt{\delta}} = \varepsilon \frac{\sqrt{\cos 60^\circ}}{0.75 \times \sqrt{1}} = 0.942\ 8\varepsilon$$

求解并查表可得到计算长度系数 $\mu = 1.084$。

2）有限元软件 ANSYS 求解

利用有限元软件 ANSYS 进行屈曲分析，对应的屈曲模态如图 7.10 所示。

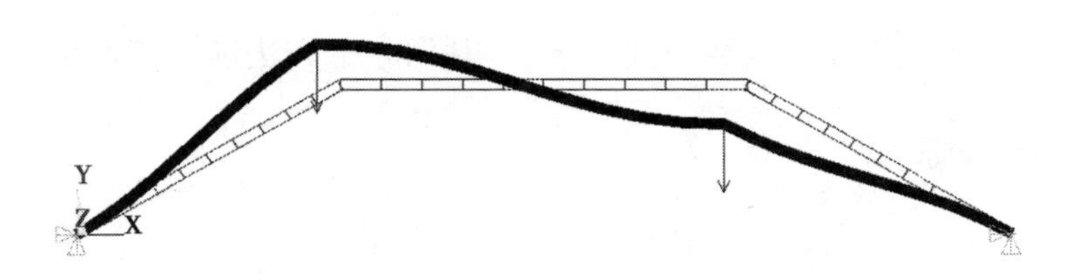

图 7.10　固接斜腿钢框架屈曲模态图

其特征值系数为 6 397.8，斜柱轴力 $N = 1.98$ kN，因此其计算长度系数为

$$\mu_1 = \sqrt{\frac{\pi^2 \times 2.1 \times 10^4 \times \dfrac{10 \times 20^3}{12}}{6\ 398 \times 1.98 \times 300^2}} = 1.1$$

为了便于分析对比，将采用《钢结构设计标准》按照直腿框架查得的计算长度系数与本书方法和有限元软件 ANSYS 计算结果列于表 7.1 中。

表 7.1　固接斜腿钢框架计算长度系数对比表

	规范法①	本书方法②	ANSYS③	①/③	②/③
斜柱	1.235	1.084	1.1	1.139	0.985

从表 7.1 可以看出，按照规范直腿框架查得的计算长度系数偏大，若按此进行设计则偏于保守，本章通过诺模图查得斜柱计算长度系数与有限元软件 ANSYS 计算结果误差为 1.5%，计算精度较好，这表明本章方法确定固接斜腿钢框架稳定承载力具有良好的准确性和可靠性。

7.3.2　算例 2：支座铰接斜腿钢框架

对于图 7.11 所示的铰接斜腿钢框架，框架梁柱钢材弹性模量 $E=2.1\times 10^4$ kN/cm，泊松比为 0.3，横梁与斜柱的截面积为 10×20 cm^2，横梁与斜柱的截面惯性矩 $I=\dfrac{10\times20^3}{12}$cm^4，斜腿角度为 30°。利用本章方法确定该铰接斜腿钢框架柱计算长度系数。

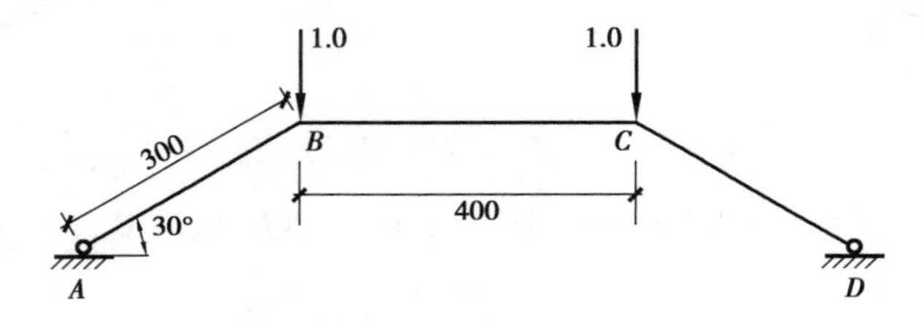

图 7.11　铰接斜腿钢框架几何关系图

1）本书方法

$$K=\frac{i_R}{i}=\frac{EI_R}{l_R}\cdot\frac{l}{EI}=\frac{\dfrac{10\times20^3}{12}}{400}\cdot\frac{300}{\dfrac{10\times20^3}{12}}=0.75$$

$$\mu^*=\frac{l}{l_R}=\frac{300}{400}=0.75$$

$$\delta^* = \frac{I_R}{I} = \frac{\dfrac{10 \times 20^3}{12}}{\dfrac{10 \times 20^3}{12}} = 1$$

$$\varepsilon_R = \varepsilon \frac{\sqrt{\cos \alpha}}{\mu \cdot \sqrt{\delta}} = \varepsilon \frac{\sqrt{\cos 60^\circ}}{0.75 \times \sqrt{1}} = 0.942\ 8\varepsilon$$

求解并查表可得到计算长度系数 $\mu = 1.608$。

2）有限元软件 ANSYS 求解

利用有限元软件 ANSYS 进行屈曲分析，对应的屈曲模态如图 7.12 所示。

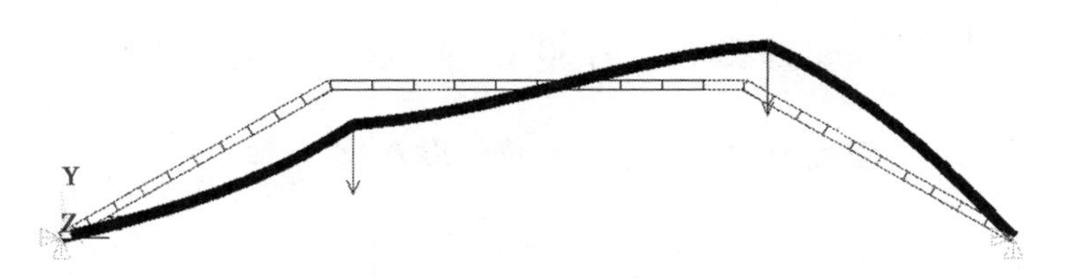

图 7.12　铰接斜腿钢框架屈曲模态图

其特征值系数为 2 930.4，斜柱轴力 $N = 1.996$ kN，因此其计算长度系数为

$$\mu_1 = \sqrt{\frac{\pi^2 \times 2.1 \times 10^4 \times \dfrac{10 \times 20^3}{12}}{2\ 930.4 \times 1.996 \times 300^2}} = 1.62$$

为了便于分析对比，将采用《钢结构设计标准》按照直腿框架查得的计算长度系数与本书方法和有限元软件 ANSYS 计算结果列于表 7.2 中。

表 7.2　铰接斜腿钢框架计算长度系数对比表

	规范法①	本书方法②	ANSYS③	①/③	②/③
斜柱	2.485	1.608	1.62	1.545	0.993

从表 7.2 可以看出，按照规范直腿框架查得的计算长度系数偏差较大，若按此进行设计则偏于保守，本章通过诺模图查得斜柱计算长度系数与有限元软件 ANSYS 计算结果误差为 1%，计算精度较好，这表明本章方法确定铰接斜腿钢框架稳定承载力具有良好的准确性和可靠性。

7.3.3　算例 3：支座铰接外荷载不同的斜腿钢框架

对于图 7.13 所示的铰接斜腿钢框架，框架梁柱钢材弹性模量 $E=2.1\times10^4$ kN/cm，泊松比为 0.3，横梁与斜柱的截面积为 10×20 cm^2，横梁与斜柱的截面惯性矩 $I=\dfrac{10\times20^3}{12}$ cm^4，斜腿角度为 30°，外荷载比值为左柱 1.0，右柱 2.0，利用本章方法确定该铰接斜腿钢框架柱计算长度系数。

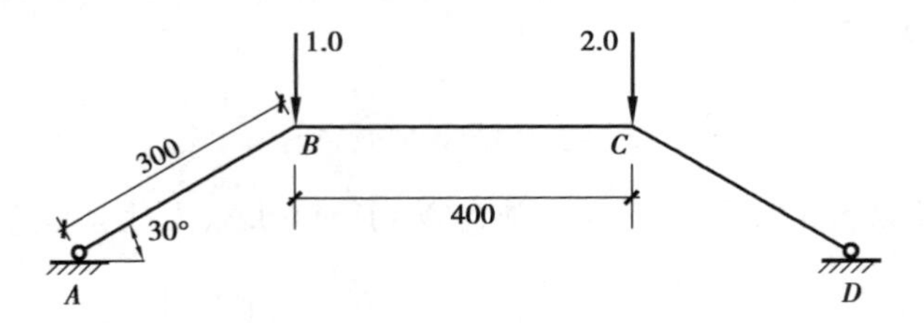

图 7.13　施加荷载不同时铰接斜腿框架几何关系图

1）本书方法

通过求解屈曲超越方程得到左柱计算长度系数 $\mu_1=1.659$，右柱计算长度系数 $\mu_2=1.587$。

2）有限元软件 ANSYS 求解

利用有限元软件 ANSYS 进行屈曲分析，对应的屈曲模态如图 7.14 所示。

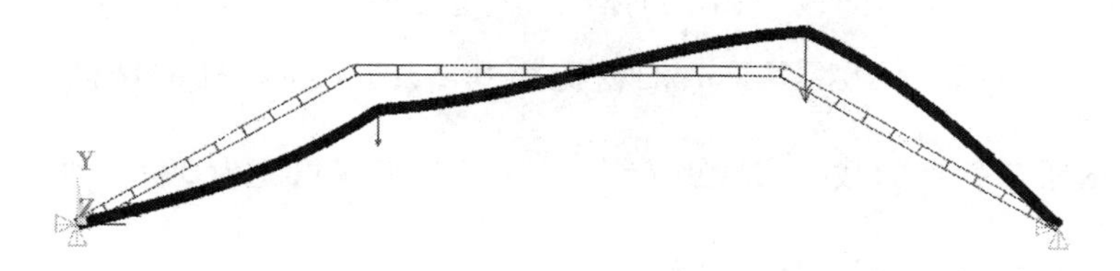

图 7.14　施加不同荷载时铰接斜腿钢框架屈曲模态图

其特征值系数为 1 953，左斜柱轴力 $N_1 = 2.886$ kN，右斜柱轴力 $N_2 = 3.103$ kN。两斜柱的计算长度系数分别为

$$\mu_1 = \sqrt{\frac{\pi^2 \times 2.1 \times 10^4 \times \dfrac{10 \times 20^3}{12}}{1\,953 \times 2.885\,7 \times 300^2}} = 1.651$$

$$\mu_2 = \sqrt{\frac{\pi^2 \times 2.1 \times 10^4 \times \dfrac{10 \times 20^3}{12}}{1\,953 \times 3.103 \times 300^2}} = 1.592$$

为了便于分析对比，将采用《钢结构设计标准》按照直腿框架查得的计算长度系数与本书方法和有限元软件 ANSYS 计算结果列于表 7.3 中。

表 7.3　施加不同荷载时铰接斜腿钢框架计算长度系数对比表

	规范法①	本书方法②	ANSYS③	①/③	②/③
左柱	2.485	1.659	1.651	1.505	1.005
右柱	2.485	1.587	1.592	1.561	0.997

从表 7.3 可以看出，按照规范直腿框架查得的计算长度系数偏差较大，若按此进行设计则偏于保守，本章通过诺模图查得斜柱计算长度系数与 ANSYS

计算结果误差为 1%，计算精度较好。这表明本章方法确定施加不同荷载时铰接斜腿钢框架稳定承载力具有良好的准确性和可靠性。

7.3.4　算例 4：支座铰接施加外荷载相同的斜腿钢框架

对于图 7.15 所示的铰接斜腿钢框架，其左柱倾斜，右柱直立，框架梁柱钢材弹性模量 $E=2.1\times10^4$ kN/cm，泊松比为 0.3，横梁与斜柱的截面积为 10×20 cm^2，横梁与斜柱的截面惯性矩 $I=\dfrac{10\times20^3}{12}$cm^4，斜腿角度为 30°。利用本章方法确定该铰接斜腿钢框架柱计算长度系数。

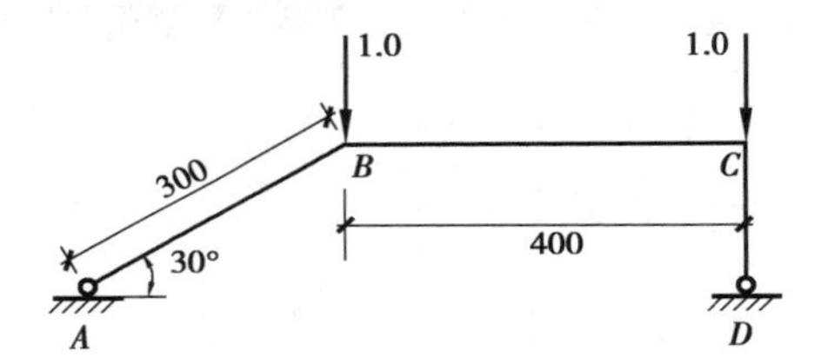

图 7.15　施加荷载相同时单根斜腿钢框架几何关系图

1）本书方法

通过求解屈曲超越方程得到左柱计算长度系数 $\mu_1=1.512$。

2）有限元软件 ANSYS 求解

利用有限元软件 ANSYS 进行屈曲分析，对应的屈曲模态如图 7.16 所示。

其特征值系数为 8 146.5，斜柱轴力 $N=0.798$ kN，因此其计算长度系数为

$$\mu_1=\sqrt{\frac{\pi^2\times2.1\times10^4\times\dfrac{10\times20^3}{12}}{8146.5\times0.798\times300^2}}=1.537$$

为了便于分析对比，将采用《钢结构设计标准》按照直腿框架查得的计算长度系数与本书方法和有限元软件 ANSYS 计算结果列于表 7.4 中。

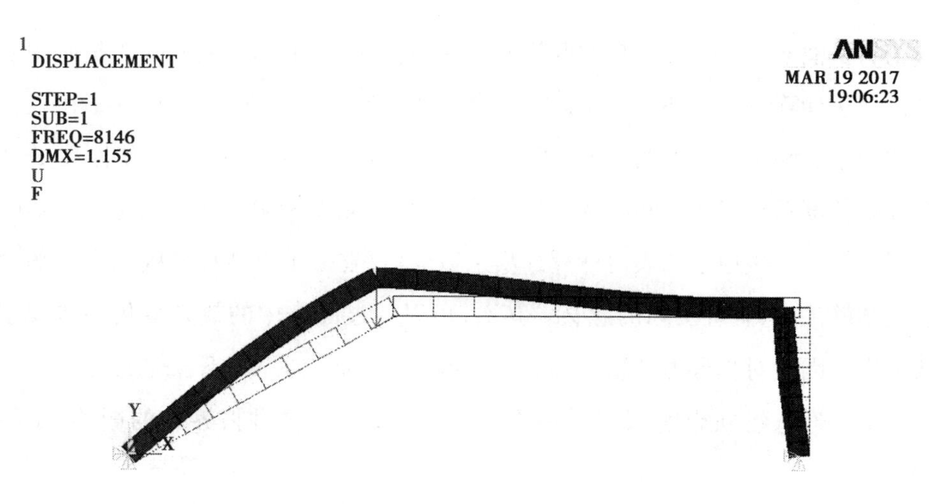

图 7.16　铰接斜腿钢框架屈曲模态图

表 7.4　铰接斜腿钢框架计算长度系数对比表

	规范法①	本书方法②	ANSYS③	①/③	②/③
斜柱	2.485	1.512	1.537	1.616	0.984

从表 7.4 可以看出，按照规范直腿框架查得的计算长度系数偏差较大，若按此进行设计则偏于保守，本章通过诺模图查得斜柱计算长度系数与有限元 ANSYS 误差为 1%，计算精度较好。这表明本章方法确定铰接斜腿钢框架稳定承载力具有良好的准确性和可靠性。

7.4　本章小结

影响临界力的因素有很多，本章只针对杆件刚度、长度、斜腿角度和施加的外荷载这四类因素进行分析。本章通过算例详细地回答了绪论中提到的问题，即使用规范中的图表公式计算斜腿框架的计算长度系数，与实际的计算长度系数精确值会有很大的差别，图表并不适用于斜腿框架，也无其他资料可以直接查到斜腿框架计算长度系数的取值。在这种情况下,本章的主要工作是使用二阶位移法计算得到了斜腿框架计算长度系数的屈曲超越方程,并得到了比较精确的结果。为了使用上的方便,本章还绘制了梁柱长度关系、梁柱线刚度关系和计算长度系数三者之间的变化趋势关系图(附录1和附录2),这对于在实际工程中可以直接通过图表对计算长度系数取值,省去了重新计算模型带来的大量复杂的工作,有着实际的意义。其次,可以通过图表中的线条变化趋势观察两种影响因素对临界力的影响,从而可以避免设计上的一些不合理之处。

本章通过建立影响因素关系图,分析了各个因素对临界力的影响,小结如下:

①对于结构参数和几何形状相同而支座约束不同的两种斜腿框架,通过对比可知,固接支座斜腿框架的计算长度系数小于铰接支座斜腿框架的计算长度系数,固接支座斜腿框架的临界力大于铰接支座斜腿框架的临界力。这是因为固接支座的水平反力大于铰接支座,其抵抗水平侧移的能力也大。

②对于左、右柱顶所施加不同竖向外荷载的情况,随着外荷载比值的增大,框架的计算长度系数先增大后保持不变。承受外荷载大的斜柱先达到临界状态,但并不变形,而是由另外一根没有达到临界状态的斜柱支撑,继续承受外荷载,直到整个框架都发生失稳。

③对于单根支撑柱倾斜的情况,由于直柱的长度与角度变化相关,柱的长度不断减小,直柱的临界力增大;而在斜柱角度减小的过程中,由于竖向失稳,直柱支撑斜柱继续承受外荷载,这使得直柱能承受的外荷载减小,斜腿失稳后由直柱支撑,其临界力又有增加,但是增幅减小。

本章参考文献

[1] 中华人民共和国住房和城乡建设部. 钢结构设计标准(GB 50017—2017)[S]. 北京:中国建筑工业出版社,2018.

[2] KARL J. Die Festigkeit von Druckstäben aus Stahl[M]. Vienna: Springer Vienna,1937.
[3] 赵磊,张金芝. 斜腿刚构桥刚结部位局部应力分析[M]. 铁道标准设计,2008.
[4] 龙驭球,包世华,袁驷. 结构力学[M]. 北京:高等教育出版社,2018.
[5] 尹文彬. 斜腿框架体系的稳定性分析[D]. 昆明理工大学,2017.

第 8 章　带伸臂斜腿钢框架整体稳定承载力的解析算法

本书第 7 章分析研究了常规的斜腿框架稳定性问题,也说明了斜腿结构是一种三跨钢结构,具有拱结构性质[1]。在斜腿框架的顶部两边都加上伸臂,形成伸臂斜腿框架,这种结构既保留了斜腿框架的结构特性,又有不同的地方。其力学性能与斜腿框架一样,都呈偏心受压特点,但又因为伸臂的连接分担了一部分横梁的弯矩,这使得整个结构的受力更加均匀。伸臂斜腿框架与传统的带有圆滑曲线的拱桥极其相似,其压力线与其形心线吻合得较好,界面弯矩也较小[2]。与带有伸臂的直腿框架相比,其结构跨度又有明显增加。因此在跨越峡谷河流时,该种结构有着得天独厚的优势,因为直腿框架在这些情况下需要建造很长的柱子,会减弱结构整体的稳定性。而斜腿框架可以把斜支撑固定在山体上,使得结构保持着极强的稳定性,受力情况明了,又可以抵抗极大的侧向移动。由于该种结构的特性,因此在一般的工程中,伸臂斜腿框架都是使用在桥梁中[3]。但是在我国,这种带有伸臂形式的斜腿框架桥并没有得到大面积的运用,这与该种结构的施工难度有关,因为角度倾斜后,就不能按照平常直腿支撑柱的方法施工[4]。在一些跨度并不大的桥梁中,还是以直腿的形式居多[5]。下文将以伸臂与斜腿框架的连接方式和斜腿与横梁的连接方式作为研究对象,探讨伸臂对斜腿框架的影响。

带有伸臂的斜腿框架上每个节点由三根杆件组成,其受力情况极其复杂,并且这种节点处又极容易形成应力集中现象。伸臂的长度给原来的斜腿框架增加了跨度,斜腿的作用还是提供侧向支撑,这恰恰减弱了每根杆件的内力峰值[6]。在同等跨度条件下,与直腿连续梁相比,承受同样的外荷载时,伸臂斜腿框架杆件整个界面的内力和界面尺寸都小得多,但其整体性和刚度明显增强。

8.1　伸臂斜腿钢框架稳定问题

有关伸臂斜腿框架的稳定问题,现在并没有专门的研究,只是将其作为斜腿框架的一种附属结构分析,专门的计算公式与计算方法少之又少。稳定分析同样是按照结构变形后的状态进行受力分析,例如在分析完善直杆轴力受压屈曲的临界力时,需按照直杆弯曲后的状态建立平衡微分方程进行求解。同样地,计算梁弯扭屈曲时的临界弯矩,也是根据梁发生侧弯和扭转后的状态建立平衡关系。分析非完善压杆的稳定问题时,也需要用到杆件变形后因压力产生的附加弯矩。上文中的应力问题通常都需要用到一阶分析,只有在变形对内力影响较大的结构中需要用到二阶分析[7]。一般情况下,分析超静定结构虽然考虑了变形协调,但不能顾及弯曲变形对外力效应的影响。稳定问题原则上都应采用二阶效应分析,但实际上确定计算长度时是以变形后的结构作为理论依据的,而在柱内力方面却是按照一阶分析计算所得,这种处理方法在一定条件下不够精确。

8.2　伸臂斜腿钢框架整体稳定计算

伸臂连接框架后,伸臂对原来的斜腿框架有约束作用,这个约束作用与原来的斜腿对横梁的效果是一样的。横梁连接斜腿,斜腿的顶端受到横梁的约束,整个框架的临界力得到提高;同理,伸臂的加入使整个框架水平方向的约束得到增强,进而使得临界力得到提高。同样地,伸臂斜腿框架也承受着两个集中荷载,同样是属于没有几何缺陷的理想条件的结构,其变形方式和类型都和常规的斜腿框架一样。

8.2.1 有侧移铰接斜腿的钢框架

对于图 8.1 所示的伸臂斜腿框架,由于整个结构是一个正对称结构,因此可以对结构的一半(图 8.2)进行研究。杆 AB 的线刚度为 i_b,杆 BC 的线刚度为 i_c,水平方向相对位移为 δ,节点 B 转角为 θ_B。

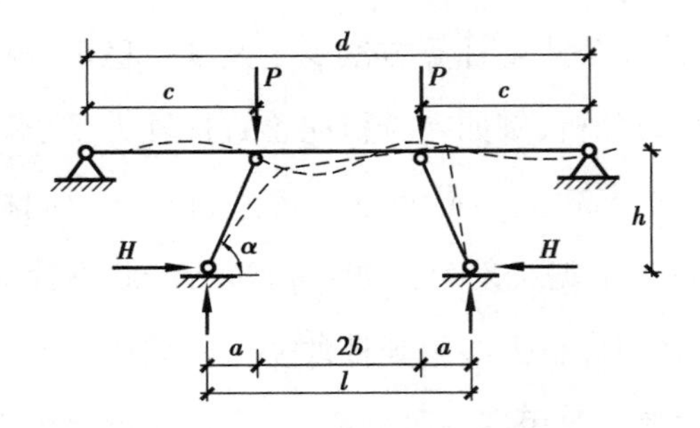

图 8.1 有侧移铰接斜腿钢框架变形图

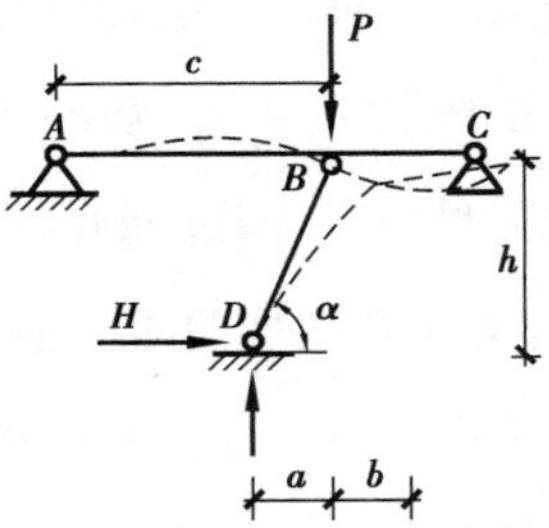

图 8.2 对称结构变形图

对于 AB 杆,因其没有轴力,不需要考虑二阶效应,其弯剪方程为

$$M_{BA} = 3i_b\theta_B - \frac{3i_b}{c}\delta \tag{8.1}$$

$$Q_{BA} = -\frac{3i_b}{c}\theta_B + \frac{3i_b}{c^2}\delta \tag{8.2}$$

对于 BC 杆,因其有轴力,则需要考虑二阶效应,其弯剪方程为

$$M_{BC} = 3i_c\varphi_1(\varepsilon)\theta_B + \frac{3i}{b}\varphi_1(\varepsilon)\delta \tag{8.3}$$

$$Q_{BC} = -\frac{3i_c}{b}\varphi_1(\varepsilon)\theta_B - \frac{3i_c}{b^2}\eta_1(\varepsilon)\delta \tag{8.4}$$

对于斜腿 BD,因为上、下两端的约束都是铰接,有轴力但是没有弯矩,斜腿本身没有抵抗侧移的能力。因此其稳定性只能完全依赖于与该柱相连接的横梁[37],它在变形后有剪力存在,这部分剪力是由于变形位移而产生的。假设斜

柱的轴力为 F,杆 BD 变形前垂直于轴线方向的内力为 Q'_{BD},其中 $Q'_{BD}=0$。由于斜腿 BD 随着横梁 AC 一起发生倾斜,变形前的轴线方向的内力就会发生变化,则变形后的垂直于轴线方向的内力 $Q_{\mathrm{BD}}=-F\dfrac{\Delta}{s}$,其中 F 为杆 BD 的轴线方向的内力,$F=H\dfrac{s}{a}$;s 为杆 BD 的长度;Δ 为 BD 杆 B 点垂直于轴线方向的位移,$\Delta=\dfrac{\delta}{\sin\alpha}$。故 $Q_{\mathrm{BD}}=-H\dfrac{s}{a}\cdot\dfrac{\delta}{\sin\alpha}\dfrac{1}{s}=-H\dfrac{\delta}{a\sin\alpha}$,又因为 $\varepsilon=b\sqrt{\dfrac{H}{EI}}$,$i_{\mathrm{c}}=\dfrac{EI}{b}$,可得 $H=\dfrac{\varepsilon^2}{b}i_{\mathrm{b}}$,最后可得 $Q_{\mathrm{BD}}=-i_{\mathrm{b}}\dfrac{\sec\alpha}{ab}\cdot\varepsilon^2\cdot\delta$,竖直分量 $F_{\mathrm{BD}}^{\mathrm{H}}=-i_{\mathrm{b}}\dfrac{c^2\sec^2\alpha}{ab}\cdot\varepsilon^2\cdot\delta$。

弯矩平衡:$\sum M_{\mathrm{B}}=0, M_{\mathrm{BA}}+M_{\mathrm{BC}}=0$。

$$[3i_{\mathrm{b}}+3i_{\mathrm{c}}\varphi_1(\varepsilon)]\theta_{\mathrm{B}}-\left[3\frac{i_{\mathrm{b}}}{c}-3\frac{i_{\mathrm{c}}}{b}\varphi_1(\varepsilon)\right]\delta=0 \tag{8.5}$$

剪力平衡:$\sum Q=0, Q_{\mathrm{BA}}=Q_{\mathrm{BC}}+F_{\mathrm{BD}}^{\mathrm{H}}$。

$$-3\frac{i_{\mathrm{b}}}{c}\theta_{\mathrm{B}}+3\frac{i_{\mathrm{b}}}{c^2}\Delta=-3\frac{i_{\mathrm{c}}}{b}\theta_{\mathrm{B}}\varphi_1(\varepsilon)-3\frac{i_{\mathrm{c}}}{b^2}\eta_1(\varepsilon)\delta+i_{\mathrm{b}}\frac{c^2\sec^2\alpha}{ab}\cdot\varepsilon^2\cdot\delta \tag{8.6}$$

可得矩阵方程:

$$\begin{bmatrix} 3i_{\mathrm{b}}+3i_{\mathrm{c}}\varphi_1(\varepsilon) & -\left[3\frac{i_{\mathrm{b}}}{c}-3\frac{i_{\mathrm{c}}}{b}\varphi_1(\varepsilon)\right] \\ -\left[3\frac{i_{\mathrm{b}}}{c}-3\frac{i_{\mathrm{c}}}{b}\varphi_1(\varepsilon)\right] & 3\frac{i_{\mathrm{b}}}{c^2}+3\frac{i_{\mathrm{c}}}{b^2}\eta_1(\varepsilon)-i_{\mathrm{b}}\frac{c^2\sec^2\alpha}{ab}\cdot\varepsilon^2 \end{bmatrix}\cdot\begin{bmatrix}\theta_{\mathrm{B}}\\ \delta\end{bmatrix}=0 \tag{8.7}$$

整个结构处于未发生变形的初始平衡状态时,没有转角和位移,此时的 $\{\theta_{\mathrm{B}},\delta\}$ 为 0,但是这种初始状态平衡并不是我们想得到的平衡状态。结构失稳后,斜柱发生的是由直变曲的过程,是有变形的,则向量不可能为 0,故由此只能令上述方程中的刚度矩阵的行列式为 0:

$$\begin{vmatrix} 3i_{\mathrm{b}}+3i_{\mathrm{c}}\varphi_1(\varepsilon) & -\left[3\dfrac{i_{\mathrm{b}}}{c}-3\dfrac{i_{\mathrm{c}}}{b}\varphi_1(\varepsilon)\right] \\ -\left[3\dfrac{i_{\mathrm{b}}}{c}-3\dfrac{i_{\mathrm{c}}}{b}\varphi_1(\varepsilon)\right] & 3\dfrac{i_{\mathrm{b}}}{c^2}+3\dfrac{i_{\mathrm{c}}}{b^2}\eta_1(\varepsilon)-i_{\mathrm{b}}\dfrac{c^2\sec^2\alpha}{ab}\cdot\varepsilon^2 \end{vmatrix}=0 \quad (8.8)$$

求解式(8.8)可得屈曲状态方程$\left(其中\chi=\dfrac{b}{l},\nu=\dfrac{c}{d}\right)$：

$$4\nu^2[1-2\chi(1-\sec^2\alpha)]\cdot\left[\frac{2\nu}{3}\varepsilon^2\sin\varepsilon+(1-2\nu)(\sin\varepsilon-\varepsilon\cos\varepsilon)\right]-(1-2\nu)(1-2\nu)\sin\varepsilon=0 \quad (8.9)$$

式(8.9)即为该伸臂斜腿框架在有侧移情况下的特征方程，此时向量$\{\theta_{\mathrm{B}},\delta\}$中$\theta_{\mathrm{B}}\neq0,\delta\neq0$。

求解式(8.9)，并变化长度比、刚度比和角度这3个参数，绘制得到图8.3（图中斜腿角度为30°，其他角度见附录3）。

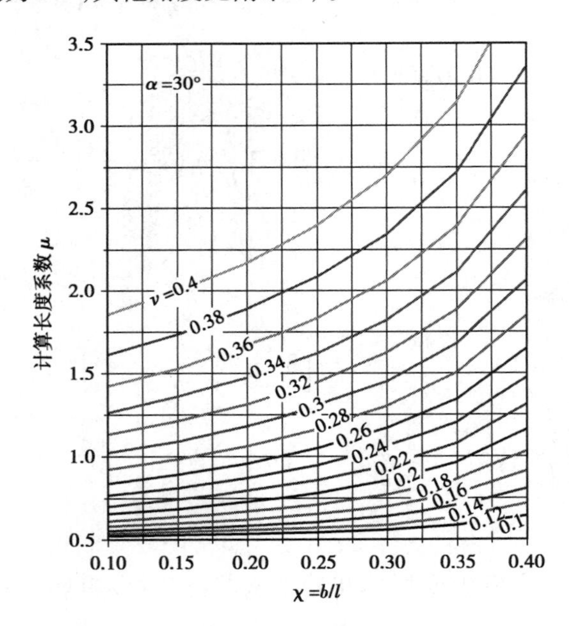

图8.3　铰接斜腿钢框架计算长度系数变化曲线

8.2.2　无侧移铰接斜腿的钢框架

如图 8.4 所示是一个伸臂铰接斜腿钢框架，由于整个结构是一个正对称结构，因此可以对结构的一半进行研究。图 8.5 中，杆 AB 的线刚度为 i_1，杆 BC 的线刚度为 i_R，杆 BD 的线刚度为 i_2，水平方向相对位移为 δ，节点 B 转角为分别为 θ_B。

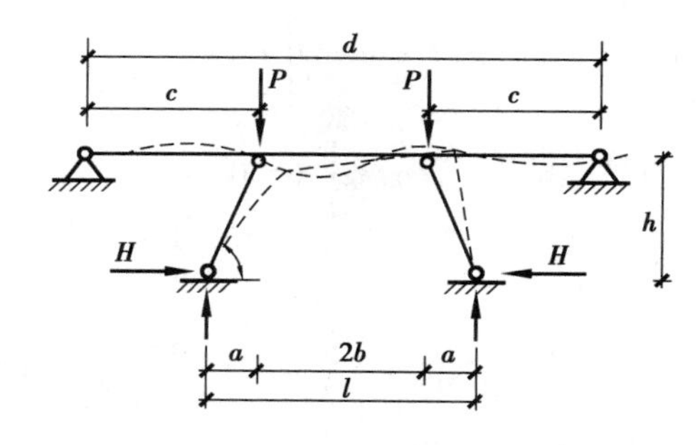

图 8.4　无侧移铰接斜腿钢框架变形图

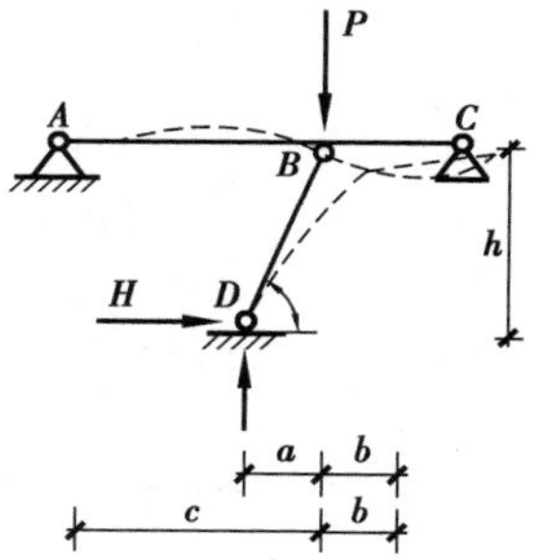

图 8.5　对称结构变形图

对于 AB 杆，有轴力需要考虑二阶效应，其弯剪方程为

$$M_{BA} = 3i_1\theta_B\varphi_1(\varepsilon_1) - \frac{3i_1}{c}\varphi_1(\varepsilon_1)\delta \tag{8.10}$$

$$Q_{BA} = -\frac{3i_1}{c}\varphi_1(\varepsilon_1)\theta_B + \frac{3i_1}{c^2}\eta_1(\varepsilon_1)\delta \tag{8.11}$$

对于 BC 杆，同样需要考虑二阶效应，其弯剪方程为

$$M_{BC} = 3i_R\varphi_1(\varepsilon)\theta_B + \frac{3i_R}{b}\varphi_1(\varepsilon)\delta \tag{8.12}$$

$$Q_{BC} = -\frac{3i_R}{b}\varphi_1(\varepsilon)\theta_B - \frac{3i_R}{b^2}\eta_1(\varepsilon)\delta \tag{8.13}$$

对于 BD 杆，其弯剪方程为

$$M_{BD} = 3i_2\varphi_1(\varepsilon_2)\theta_B - \frac{3i_2}{s}\varphi_1(\varepsilon_2)\delta \tag{8.14}$$

$$Q_{BD}=-3\frac{i_2}{s}\varphi_1(\varepsilon_2)\theta_B+3i_2\frac{\delta}{s^2}\eta_1(\varepsilon_2) \tag{8.15}$$

弯矩平衡：$\sum M_B=0, M_{BA}+M_{BC}+M_{BD}=0$。

$$[3i_1\varphi_1(\varepsilon_1)+3i_R\varphi_1(\varepsilon)+3i_2\varphi_1(\varepsilon_2)]\theta_B-$$

$$\left[3\frac{i_1}{c}\varphi_1(\varepsilon_1)+3\frac{i_R}{b}\varphi_1(\varepsilon)+3\frac{i_2}{s}\varphi_1(\varepsilon_2)\right]\delta=0 \tag{8.16}$$

剪力平衡：$\sum Q=0, Q_{BA}+Q_{BC}+Q_{BD}\cdot\cos\alpha=0$。

$$\left[-\frac{3i_1}{c}\varphi_1(\varepsilon_1)-\frac{3i_R}{b}\varphi_1(\varepsilon)-3\frac{i_2}{s}\varphi_1(\varepsilon_2)\cdot\cos\alpha\right]\theta_B+$$

$$\left[\frac{3i_1}{c^2}\eta_1(\varepsilon_1)+\frac{3i_R}{b^2}\eta_1(\varepsilon)+3\frac{i_2}{s^2}\eta_1(\varepsilon_2)\cos\alpha\right]\delta=0 \tag{8.17}$$

根据式(8.16)和式(8.17)可得矩阵方程：

$$\begin{bmatrix} 3i_1\varphi_1(\varepsilon_1)+3i_R\varphi_1(\varepsilon)+3i_2\varphi_1(\varepsilon_2) & 3\frac{i_1}{c}\varphi_1(\varepsilon_1)+3\frac{i_R}{b}\varphi_1(\varepsilon)+3\frac{i_2}{s}\varphi_1(\varepsilon_2) \\ -\frac{3i_1}{c}\varphi_1(\varepsilon_1)-\frac{3i_R}{b}\varphi_1(\varepsilon)-3\frac{i_2}{s}\varphi_1(\varepsilon_2)\cdot\cos\alpha & \frac{3i_1}{c^2}\eta_1(\varepsilon_1)+\frac{3i_R}{b^2}\eta_1(\varepsilon)+3\frac{i_2}{s^2}\eta_1(\varepsilon_2)\cos\alpha \end{bmatrix}\cdot$$

$$\begin{bmatrix}\theta_B\\ \delta\end{bmatrix}=0 \tag{8.18}$$

分析同前，令上述方程中的刚度矩阵的行列式为0：

$$\begin{vmatrix} 3i_1\varphi_1(\varepsilon_1)+3i_R\varphi_1(\varepsilon)+3i_2\varphi_1(\varepsilon_2) & \frac{3i_1}{c^2}\varphi_1(\varepsilon_1)+\frac{3i_R}{b^2}\eta_1(\varepsilon)+3\frac{i_2}{s^2}\eta_1(\varepsilon_2) \\ -\frac{3i_1}{c}\varphi_1(\varepsilon_1)-\frac{3i_R}{b}\varphi_1(\varepsilon)-3\frac{i_2}{s}\varphi_1(\varepsilon_2)\cdot\cos\alpha & \frac{3i_1}{c^2}\eta_1(\varepsilon_1)+\frac{3i_R}{b^2}\eta_1(\varepsilon)+3\frac{i_2}{s^2}\eta_1(\varepsilon_2)\cos\alpha \end{vmatrix}=0$$

求解式(8.18)可得屈曲状态方程：

$$[\varphi_1(\varepsilon_1)+R_1\varphi_1(\varepsilon)+R_2\varphi_1(\varepsilon_2)]\left[\frac{1}{c^2}\eta_1(\varepsilon_1)+\frac{R_1}{b^2}\eta_1(\varepsilon)+\frac{R_2}{s^2}\eta_1(\varepsilon_2)\cos\alpha\right]+$$

$$\left[\frac{1}{c^2}\varphi_1(\varepsilon_1)+\frac{R_1}{b^2}\eta_1(\varepsilon)+\frac{R_2}{s^2}\eta_1(\varepsilon_2)\right]\left[\frac{1}{c}\varphi_1(\varepsilon_1)+\frac{R_1}{b}\varphi_1(\varepsilon)+\frac{R_2}{s}\varphi_1(\varepsilon_2)\cos\alpha\right]=0$$

$$\tag{8.19}$$

其中 $R_1=\dfrac{i_R}{i_1}=\dfrac{c}{b}$，$R_2=\dfrac{i_2}{i_1}=\dfrac{c\cos\alpha}{a}$，$\varepsilon=\sqrt{\dfrac{F_R}{EI}}\cdot b$，$\varepsilon_2=\sqrt{\dfrac{F}{EI}}\cdot\dfrac{a}{\cos\alpha}$，$\chi=\dfrac{b}{l}$，$\nu=\dfrac{c}{d}$，式(8.19)即为该斜腿刚构桥在有侧移情况下的特征方程，此时向量$\{\theta_B,\delta\}$中$\theta_B\neq0$，$\delta\neq0$。

由于该结构是无侧移的伸臂斜腿框架，通过计算可知，在各杆件的抗弯刚度相同的情况下，若ν不变而χ变化，临界力大致不变，随着ν的增加，结构的临界力也随之增加，如表 8.1 所示。

表 8.1　无侧移的伸臂斜腿钢框架临界力变化分析表

χ \ ν	0.1	0.12	0.14	0.16	0.18	0.2
0.1	2 763.6	4 248.4	6 206.6	8 753.8	12 044	16 284.8
0.15	2 760.6	4 240.4	6 187.8	8 713.4	11 963	16 130.8
0.2	2 758.0	4 233.4	6 171.2	8 677.8	11 891.6	15 994.6
0.25	2 755.8	4 227.2	6 156.6	8 646.4	11 828.4	15 873.4
0.3	2 753.8	4 221.8	6 143.8	8 618.6	11 772.2	15 765

8.2.3　伸臂刚接斜腿的钢框架

如图 8.6 所示是一个伸臂刚接于斜腿框架的结构图，由于整个结构是一个正对称结构，因此可以研究结构的一半分析。杆 AB 的线刚度为 i_1，杆 BC 的线刚度为 i_R，杆 BD 的线刚度为 i_2，水平方向相对位移为 δ，节点 B 转角为 θ_B。杆 BC 的轴力为 F_R，杆 BD 的轴力为 F。

对于 AB 杆，因其没有轴力不需要考虑二阶效应，其弯剪方程为

$$M_{BA}=3i_1\theta_B-\frac{3i_1}{c}\delta \tag{8.20}$$

$$Q_{BA}=-\frac{3i_1}{c}\theta_B+\frac{3i_1}{c^2}\delta \tag{8.21}$$

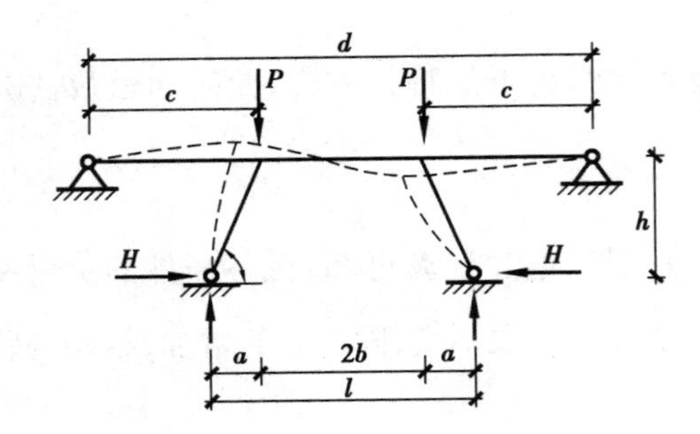

图 8.6　伸臂刚接斜腿钢框架变形图

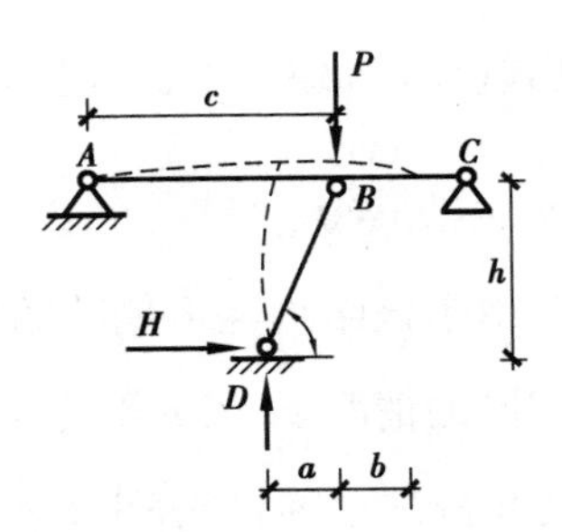

图 8.7　对称结构变形图

对于 BC 杆,其弯剪方程为

$$M_{BC}=3i_R\varphi_1(\varepsilon)\theta_B-\frac{3i_R}{b}\varphi_1(\varepsilon)\delta \tag{8.22}$$

$$Q_{BC}=-\frac{3i_R}{b}\varphi_1(\varepsilon)\theta_B+\frac{3i_R}{b^2}\eta_1(\varepsilon)\delta \tag{8.23}$$

对于 BD 杆,其弯剪方程为

$$M_{BD}=3i_2\varphi_1(\varepsilon_2)\theta_B-\frac{3i_2}{s}\varphi_1(\varepsilon_2)\delta \tag{8.24}$$

$$Q_{BD}=-3\frac{i_2}{s}\varphi_1(\varepsilon_2)\theta_B+3i_2\frac{\delta}{s^2}\eta_1(\varepsilon_2) \tag{8.25}$$

弯矩平衡: $\sum M_B=0, M_{BA}+M_{BC}+M_{BD}=0$。

$$[3i_1+3i_R\varphi_1(\varepsilon)+3i_2\varphi_1(\varepsilon_2)]\theta_B-\left[3\frac{i_1}{c}+3\frac{i_R}{b}\varphi_1(\varepsilon)+3\frac{i_2}{s}\varphi_1(\varepsilon_2)\right]\delta=0 \tag{8.26}$$

剪力平衡: $\sum Q=0, Q_{BA}+Q_{BC}+Q_{BD}\cdot\cos\alpha=0$。

$$\left[-\frac{3i_1}{c}-\frac{3i_R}{b}\varphi_1(\varepsilon)-3\frac{i_2}{s}\varphi_1(\varepsilon_2)\cdot\cos\alpha\right]\theta_B+$$

$$\left[\frac{3i_1}{c^2}+\frac{3i_R}{b^2}\eta_1(\varepsilon)+3\frac{i_2}{s^2}\eta_1(\varepsilon_2)\cos\alpha\right]\delta=0 \tag{8.27}$$

根据式(8.26)和式(8.27)可得矩阵方程:

$$\begin{bmatrix} 3i_1+3i_R\varphi_1(\varepsilon)+3i_2\varphi_1(\varepsilon_2) & 3\frac{i_1}{c}+3\frac{i_R}{b}\varphi_1(\varepsilon)+3\frac{i_2}{s}\varphi_1(\varepsilon_2) \\ -\frac{3i_1}{c}-\frac{3i_R}{b}\varphi_1(\varepsilon)-3\frac{i_2}{s}\varphi_1(\varepsilon_2)\cdot\cos\alpha & \frac{3i_1}{c^2}+\frac{3i_R}{b^2}\eta_1(\varepsilon)+3\frac{i_2}{s^2}\eta_1(\varepsilon_2)\cos\alpha \end{bmatrix}\cdot$$

$$\begin{bmatrix} \theta_B \\ \delta \end{bmatrix}=0$$

当向量$\{\theta_B,\delta\}$为0时,自然能满足上述方程,但此时柱保持原样并未变形,这种状态并不是要求的解。失稳时,柱子由直变曲是有变形的,即向量$\{\theta_B,\delta\}$不能为0,故由此只能令上述方程中的刚度矩阵的行列式为0:

$$\begin{vmatrix} 3i_1+3i_R\varphi_1(\varepsilon)+3i_2\varphi_1(\varepsilon_2) & \frac{3i_1}{c^2}+\frac{3i_R}{b^2}\eta_1(\varepsilon)+3\frac{i_2}{s^2}\eta_1(\varepsilon_2) \\ -\frac{3i_1}{c}-\frac{3i_R}{b}\varphi_1(\varepsilon)-3\frac{i_2}{s}\varphi_1(\varepsilon_2)\cdot\cos\alpha & \frac{3i_1}{c^2}+\frac{3i_R}{b^2}\eta_1(\varepsilon)+3\frac{i_2}{s^2}\eta_1(\varepsilon_2)\cos\alpha \end{vmatrix}=0 \tag{8.28}$$

求解式(8.28)可得屈曲状态方程:

$$\left[1+R_1\varphi_1(\varepsilon)+R_2\varphi_1(\varepsilon_2)\right]\left[\frac{1}{c^2}+\frac{R_1}{b^2}\eta_1(\varepsilon)+\frac{R_2}{s^2}\eta_1(\varepsilon_2)\cos\alpha\right]+$$
$$\left[\frac{1}{c^2}+\frac{R_1}{b^2}\eta_1(\varepsilon)+\frac{R_2}{s^2}\eta_1(\varepsilon_2)\right]\left[\frac{1}{c}+\frac{R_1}{b}\varphi_1(\varepsilon)+\frac{R_2}{s}\varphi_1(\varepsilon_2)\cos\alpha\right]=0 \tag{8.29}$$

其中 $R_1=\frac{i_R}{i_1}=\frac{c}{b}$, $R_2=\frac{i_2}{i_1}=\frac{c\cos\alpha}{a}$, $\varepsilon=\sqrt{\frac{F_R}{EI}}\cdot b$, $\varepsilon_2=\sqrt{\frac{F}{EI}}\cdot\frac{a}{\cos\alpha}$。式(8.29)即为该伸臂斜腿框架在有侧移情况下的特征方程,此时向量$\{\theta_B,\delta\}$中$\theta_B\neq0$, $\delta\neq0$。

求解式(8.29)可以得到该伸臂斜腿框架在有侧移情况下的临界承载力。为便于工程应用,将求解结果绘制成诺模图,详见附录4。

8.2.4 无侧移伸臂铰接斜腿的钢框架

对于图 8.8 所示的伸臂铰接斜腿框架,其伸臂两端都是铰接,因此伸臂没有轴力和弯矩。由于它没有轴力,只能依附在结构上,框架变形产生的位移并不能使边跨产生因位移变形而引起的轴力。假设其边跨支座竖向的支座反力为 Q,使用力法求解得到 $Q=0$。因此对于该种结构,边跨对斜腿框架的作用为 0。

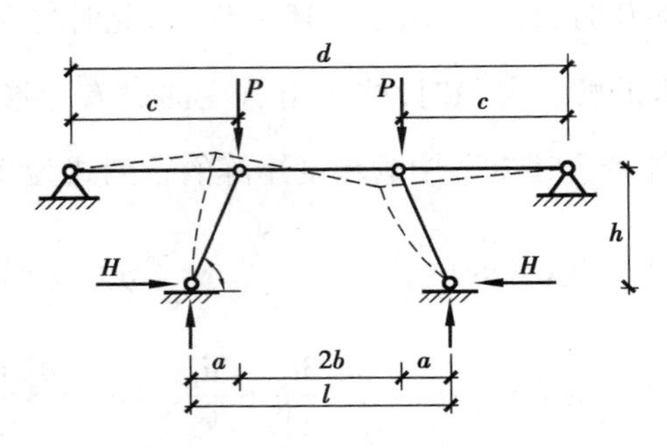

图 8.8 伸臂铰接斜腿框架

8.3 伸臂斜腿钢框架的参数与临界力变化关系分析

本书主要针对伸臂、中跨和斜腿长度关系与斜腿倾斜角度两种参数进行分析。令参数 $\chi=\frac{b}{l}=\frac{1}{2}\cdot\frac{2b}{l}$,即 χ 为跨中长度与两个斜柱底端之间距离的比值的 1/2;令 $\nu=\frac{c}{d}=\frac{1}{2}\cdot\frac{2c}{d}$,即 ν 为伸臂的总长度与横梁总长度的比值的 1/2。

1)底部和节点都铰接

①当 ν 的数值不变时,计算长度系数随着 χ 的增大而增大。χ 增大,可以理解为跨中长度变小或斜柱底端距离变大,然而当斜柱的角度不变时,若要令跨中长度变小或者斜柱底端距离变大单独变化,只有改变斜柱的长度。角度可以

单独变化，角度变小，底部距离变大，变化的过程与角度不变类似。第一种情况，斜柱长度减小角度不变，则跨中长度变大或斜柱底端距离变小，跨中长度变大，线刚度减小，结构更容易屈曲失稳，临界力小而计算长度系数大。第二种情况，斜柱长度不变角度变小，斜柱的角度过于倾斜而使整个结构容易失稳，临界力会偏小而计算长度系数偏大。这两种变化看起来类似，但失稳的原因并不相同，即临界力变小的原因并不相同。实际上，角度减小，跨中长度减小，端部距离变长，其计算长度系数反而变小，临界力变大。当跨中长度减小到零时，两个斜腿顶部重合于横梁中点，因为两个斜腿支撑分解了竖向荷载，其临界力增大，计算长度系数减小。

②当 χ 的数值不变时，计算长度系数随着 ν 的增大而增大。ν 增大，说明伸臂长度增大或者横梁总长度减小，相当于中间部分的斜腿框架不变，只改变了伸臂长度，总长度也随着改变。伸臂长度越长，其刚度也越小，伸臂对斜腿框架的支撑约束作用也越低，结构越容易失去稳定，承载力也越低，计算长度系数增大。若在伸臂长度减小的同时，改变中间斜腿框架的角度，则计算长度系数随角度变化而同样变化。

③当 ν 和 χ 的数值都不变时，计算长度系数随着斜柱角度 α 的增大而增大。当角度增大至趋近于直角时，底柱则不再提供侧向支撑，故其临界承载力减小，计算长度系数增大。

2）底部和节点都固接

这种情况的变化趋势和底部与节点都铰接的相同，但当所有变化参数都相同时，全铰接的计算长度系数大于全固结，临界力则相反，全铰接小于全固结的。可见，约束越强烈，则临界力越大。

对比常规的斜腿框架与伸臂斜腿框架，伸臂斜腿框架计算长度系数远小于常规斜腿框架。可见，伸臂的加入直接改变了整个结构的受力方式，使整个结构的稳定性和跨度有了很大提升。

8.4 应用算例与比较验证

本章通过二阶位移法计算了伸臂斜腿框架在各个角度变化的屈曲方程,通过求解屈曲方程,可以得到各个参数下的计算长度系数,从而得到临界力。为了验证屈曲方程的正确性,使用有限元软件 ANSYS 进行对比分析。

8.4.1 有侧移铰接伸臂斜腿钢框架

对于图 8.9 所示的有侧移铰接伸臂斜腿钢框架,框架梁柱钢材弹性模量 $E=2.1\times10^4$ kN/cm,泊松比为 0.3,截面积为 10×20 cm^2,惯性矩 $I=\frac{10\times20^3}{12}$cm^4。斜柱角度为 30°。采用本章方法求解该伸臂斜腿钢框架柱计算长度系数。

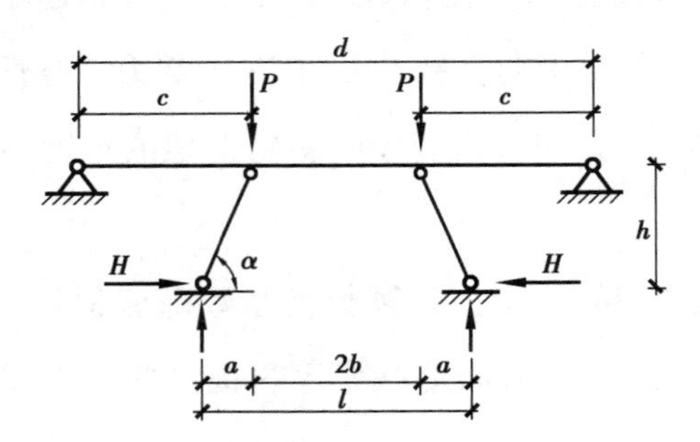

图 8.9　斜腿框架几何关系示意图

1）本书方法

在求解前需计算如下参数:假设 $b=100$ cm,$c=400$ cm,$d=1\ 000$ cm,$l=500$ cm,因此 $\nu=\frac{b}{l}=0.2$,$\chi=\frac{c}{d}=0.4$,查表得到计算长度系数 $\mu=2.172$。

2）有限元软件 ANSYS 求解

在 ANSYS 中建立图 8.10 所示的模型,通过求解静力得到柱的轴力,然后再获取特征值屈曲分析结果。

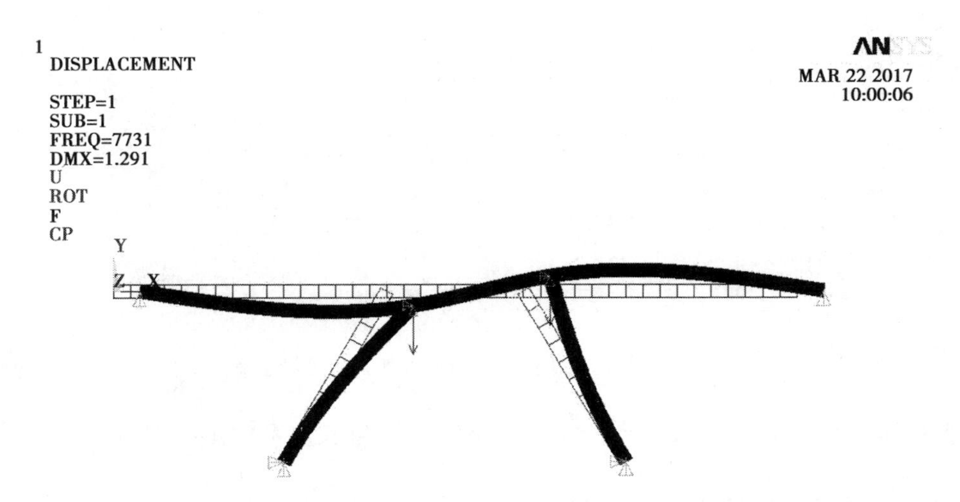

图 8.10　斜腿框架屈曲模态示意图

其特征值系数为 7 731，横梁轴力为 $N=2.743\ \mathrm{kN}$，临界力 $N_{cr}=7\ 731\times 2.743\ \mathrm{kN}=21\ 206.133\ \mathrm{kN}$，计算长度系数为

$$\mu=\frac{\pi^2 EI}{(N_{cr}l)^2}=\frac{\pi^2\times 2.1e^4\times\dfrac{10\times 20^3}{12}}{(21\ 206.133\times 173.2)^2}=2.179$$

结果表明，采用本书方法求得的斜柱计算长度系数与有限元 ANSYS 计算结果误差很小，计算精度较好，这表明本书方法确定有侧移铰接伸臂斜腿钢框架稳定承载力具有良好的准确性和可靠性。

8.4.2　无侧移铰接伸臂斜腿钢框架

对于图 8.11 所示的无侧移铰接伸臂斜腿钢框架，框架梁柱钢材弹性模量 $E=2.1\times10^4\ \mathrm{kN/cm}$，泊松比为 0.3，截面积为 $10\times20\ \mathrm{cm}^2$，惯性矩 $I=\dfrac{10\times20^3}{12}\ \mathrm{cm}^4$。斜柱角度为 30°。采用本章方法求解该伸臂斜腿钢框架柱计算长度系数。

1）本书方法

在求解前需计算如下参数：假设 $b=100\ \mathrm{cm}$，$c=400\ \mathrm{cm}$，$d=1\ 000\ \mathrm{cm}$，$l=$

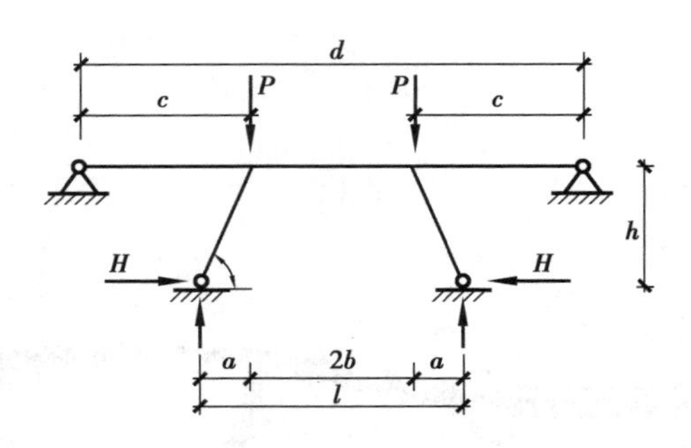

图 8.11　无侧移铰接伸臂斜腿钢框架几何关系示意图

500 cm,因此 $\nu=\dfrac{b}{l}=0.2$,$\chi=\dfrac{c}{d}=0.4$,求解得到计算长度系数 $\mu=1.715$。

2）有限元软件 ANSYS 求解

在 ANSYS 中建立图 8.12 所示的模型,通过求解静力得到柱的轴力,然后再获取特征值屈曲分析结果。其特征值系数为 7 790,斜柱轴力 $F_N=1.997$ kN,临界力 $N_{cr}=7\ 790\times1.997$ kN $=15\ 556.6$ kN,则计算长度系数为

$$\mu=\sqrt{\frac{\pi^2 EI}{(N_{cr}l)^2}}=\frac{\pi^2\times2.1\mathrm{e}^4\times\dfrac{10\times20^3}{12}}{(15\ 556.6\times173.2)^2}=1.721$$

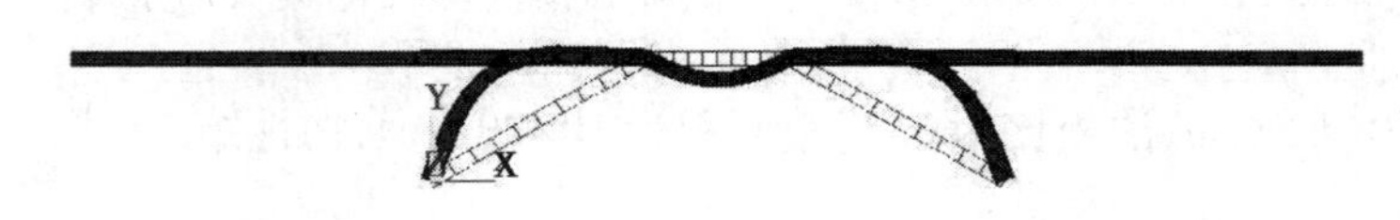

图 8.12　斜腿框架屈曲模态示意图

结果表明,采用本书方法求得的斜柱计算长度系数与有限元 ANSYS 计算结果误差很小,计算精度较好,这表明本书方法确定有侧移铰接伸臂斜腿钢框

架稳定承载力具有准确性和可靠性。

8.5　本章小结

由于伸臂斜腿框架的柱子不会影响到底部空间,因此在横跨公路的跨线桥中,还是以带伸臂的斜腿框架为主要的选择。在伸臂斜腿框架的设计中,结构立面布局设计是其中一项重要内容,例如各个杆件的长度关系、斜腿的角度关系等,这些结构立面布局对结构的受力有相当大的影响。满足合理的立面布局和受力结构要求时,体积一定时,该类带有伸臂的斜腿框架的承载力是最大的。

本章计算分析了斜柱铰接于横梁、边跨刚接于斜腿框架和边跨铰接于斜腿框架这 3 种情况。而对于底部约束均为固接的情况,则无须进行考虑,因为都是铰接约束和都是固接约束分别对应的是临界力最小和临界力最大两种极端,其他约束情况则属于这两个极端之间。对于伸臂斜腿框架,其核心的地方就是中间的常规斜腿框架结构,而伸臂加强了斜腿框架的受力性能。因此,对于伸臂斜腿框架,同样只考虑长度和角度对结构临界力的影响,特别是伸臂的长度对结构临界力的影响。

本章参考文献

[1] OJALVO M. Restrained Columns[M]. Ph. D. Dissertation, Lehigh University, 1960.

[2] 张红松,胡仁喜. ANSYS12.0 有限元分析从入门到精通[M]. 北京:机械工业出版社,2010.

[3] JEZEK K. Die Festigkeit Von Druckstaben aus Stahl [M]. Julius Springer, Vienna, 1937.

[4] 赵磊,张金芝. 斜腿刚构桥刚结部位局部应力分析[M]. 铁道标准设

计,2008.

[5] 刘世忠.大跨度预应力斜腿刚构桥的整体模型试验[J].兰州铁道学院学报(自然科学版),1995,(04):21-26.

[6]杨军猛,郭俊峰.斜腿刚构桥受力特性研究[J].交通科技,2011,(01):13-16.

附　录

附录 1

结构力学中的位移法求解结构内力时不考虑轴向力对构件弯矩的影响。实验研究发现，轴向力与因其产生的变形之间的关系是线性的，在原本的位移法中，杆端约束与杆端位移呈线性关系，因此在考虑轴向力的影响后，结构还是处于线性变化，位移法的基本原理仍然是适用的。现在将原来的位移法中未考虑杆件轴力作用的一阶等截面杆件的刚度方程和有荷载作用的固端弯矩考虑轴力影响进行二阶分析，在原有的结构力学位移法的基础上进行修正。

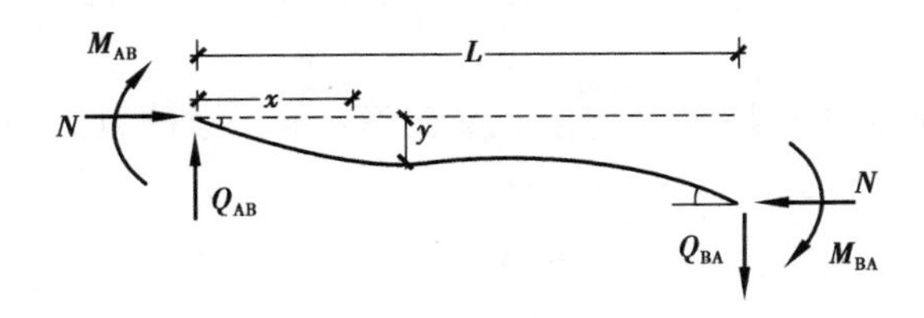

附图 1.1　受压杆件变形图

附图 1.1 所示是一根压杆 AB，两端压力为 N。设两端有转角 Q_{AB}、Q_{BA} 和相对位移 δ，杆端力矩 M_{AB}、M_{BA} 和杆端剪力 Q_{AB}、Q_{BA}。由附图 1.1 可列出平衡微分方程如下：

$$EIy'' = -(M_{AB} + Q_{AB}x + Ny) \tag{1.1}$$

令 $k^2 = \dfrac{N}{EI}$，式(1.1)可改写为

$$y'' + k^2 y = -\frac{M_{AB} + Q_{AB}x}{EI} \tag{1.2}$$

求解方程(1.2),其待定系数 A,B,M_{AB},Q_{AB} 可由边界条件 $x=0,y=0,y'=\theta_{AB}$ 和 $x=l,y=\delta,y'=\theta_{BA}$ 确定,得方程(1.3):

$$\begin{cases} A - \dfrac{M_{AB}}{N} = 0 \\ Bk - \dfrac{Q_{AB}}{N} = \theta_{AB} \\ A\cos kl + B\sin kl - \dfrac{M_{AB} + Q_{AB}l}{N} = \delta \\ -Ak\sin kl + Bk\cos kl - \dfrac{Q_{AB}}{N} = \theta_{BA} \end{cases} \tag{1.3}$$

根据平衡条件,对 B 点取矩 $\sum M_B = 0, M_{AB} + M_{BA} + N\delta + Q_{AB}l = 0$ 可以求出 M_{BA}。根据式(1.3)可以得到式(1.4):

$$\begin{cases} M_{AB} = 4i\theta_{AB}\cdot\varphi_2(\varepsilon) + 2i\theta_{BA}\cdot\varphi_3(\varepsilon) - 6i\dfrac{\delta}{l}\eta_3(\varepsilon) \\ M_{BA} = 2i\theta_{AB}\cdot\varphi_3(\varepsilon) + 4i\theta_{BA}\cdot\varphi_2(\varepsilon) - 6i\dfrac{\delta}{l}\eta_3(\varepsilon) \\ Q_{AB} = Q_{BA} = -\dfrac{6i}{l}\theta_{AB}\cdot\eta_3(\varepsilon) - \dfrac{6i}{l}\theta_{AB}\cdot\eta_3(\varepsilon) + 12i\dfrac{\delta}{l^2}\eta_2(\varepsilon) \end{cases} \tag{1.4}$$

其中,i 为杆件的线刚度,$i=\dfrac{EI}{l}$。ε 及有关 ε 的函数的意义如下:

$$\varepsilon = kl = l\sqrt{\frac{N}{EI}}$$

$$\varphi_2(\varepsilon) = \frac{\varepsilon^2}{3\left(1 - \dfrac{\varepsilon}{\tan\varepsilon}\right)}$$

$$\varphi_3(\varepsilon) = \frac{1 - \dfrac{\varepsilon}{\tan\varepsilon}}{4\left(\dfrac{\left(\tan\dfrac{\varepsilon}{2}\right)}{\left(\dfrac{\varepsilon}{2}\right)} - 1\right)}$$

$$\eta_2(\varepsilon)=\frac{\left(\frac{\varepsilon}{2}\right)^2}{3\left(1-\frac{\varepsilon}{2\tan\left(\frac{\varepsilon}{2}\right)}\right)}-\frac{\varepsilon^2}{12}$$

$$\eta_3(\varepsilon)=\frac{\left(\frac{\varepsilon}{2}\right)^2}{3\left(1-\frac{\varepsilon}{2\ \tan\left(\frac{\varepsilon}{2}\right)}\right)}$$

$$\varphi_1(\varepsilon)=\frac{\varepsilon^2\sin\varepsilon}{3(\sin\varepsilon-\varepsilon\cos\varepsilon)}$$

$$\eta_1(\varepsilon)=\varphi_1(\varepsilon)-\frac{\varepsilon^2}{3}=\frac{\varepsilon^2(\varepsilon\cos\varepsilon)}{3(\sin\varepsilon-\varepsilon\cos\varepsilon)}$$

附录 2

附图 2.1 中：$\delta^*=\frac{EI_R}{EI}$，$\mu^*=\frac{l}{l_R}$，μ 和 μ_R 分别是斜柱和横梁的计算长度系数。

斜柱与横梁的有效长度分别为：$S_K=\mu\cdot l$，$S_{KR}=\mu_R\cdot l_R$，其中 $\mu_R=\mu\frac{\mu^*\cdot\sqrt{\delta^*}}{\sqrt{\cos\alpha}}$。

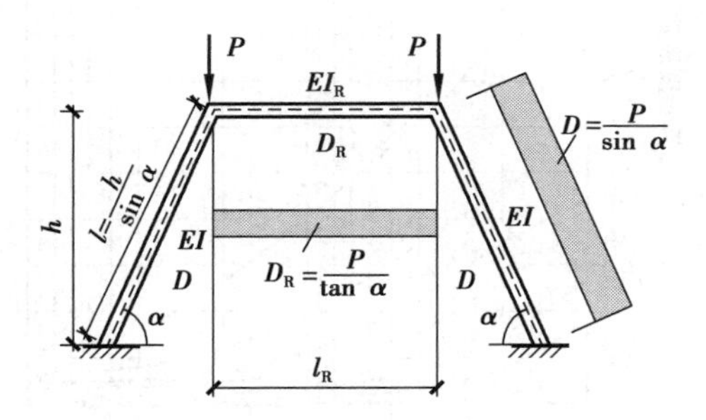

附图 2.1　支座固接斜腿框架

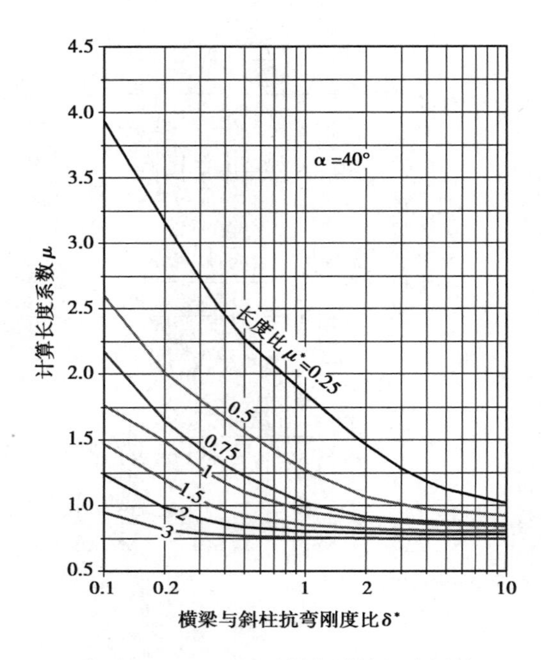

附图 2.2　$\alpha=40°$时斜柱计算长度系数

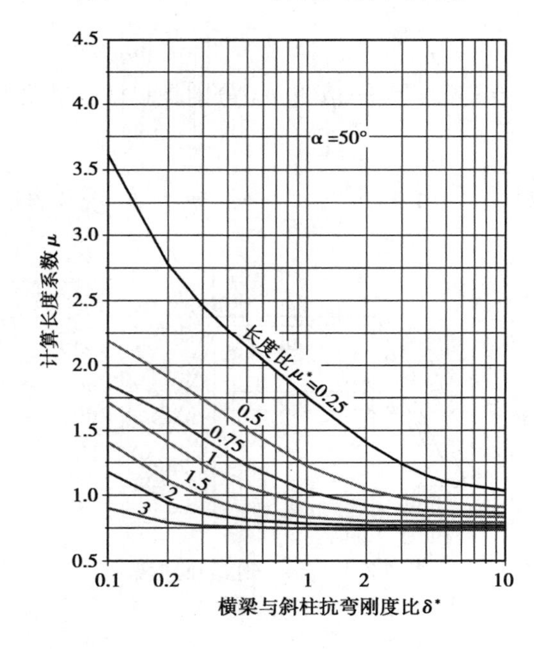

附图 2.3　$\alpha=50°$时斜柱计算长度系数

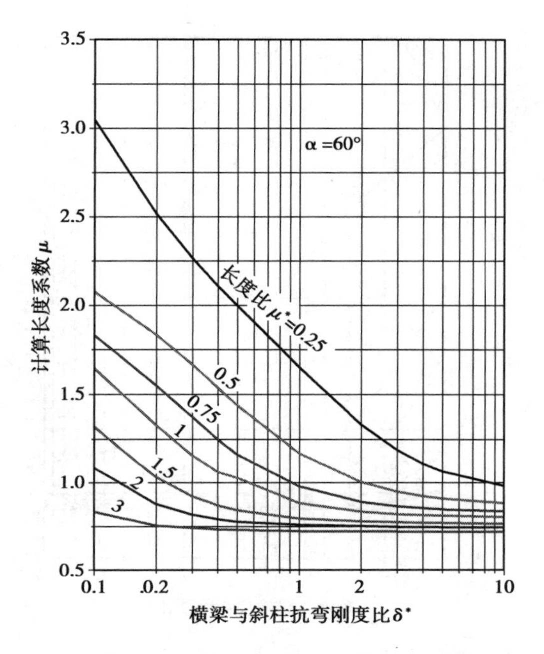

附图 2.4 $\alpha=60°$时斜柱计算长度系数

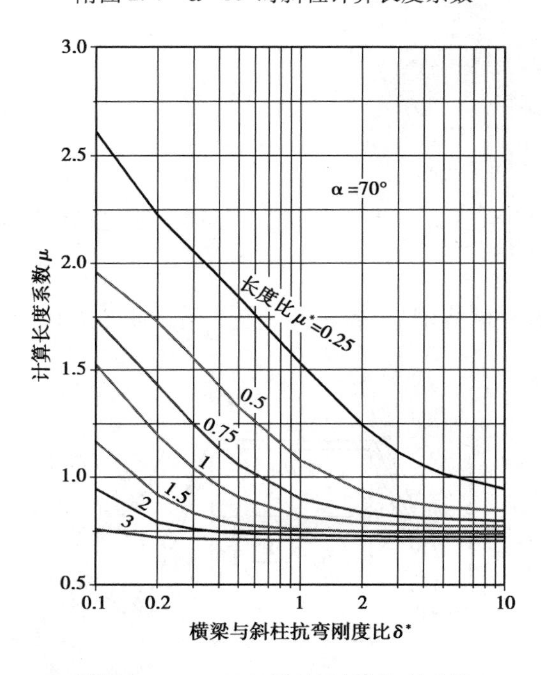

附图 2.5 $\alpha=70°$时斜柱计算长度系数

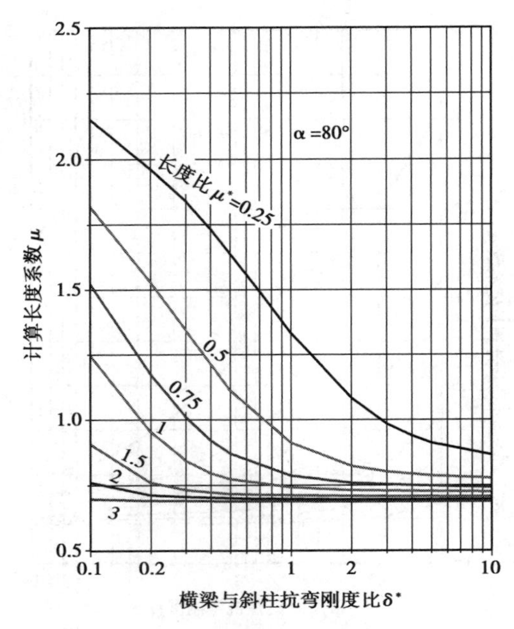

附图 2.6 $\alpha=80°$时斜柱计算长度系数

附录 3

附图 3.1 中：$\delta^*=\dfrac{EI_R}{EI}$，$\mu^*=\dfrac{l}{l_R}$，$\mu$ 和 μ_R 分别是斜柱和横梁的计算长度系数。

斜柱与横梁的有效长度分别为：$S_K=\mu\cdot l$，$S_{KR}=\mu_R\cdot l_R$，其中 $\mu_R=\mu\dfrac{\mu^*\cdot\sqrt{\delta^*}}{\sqrt{\cos\alpha}}$。

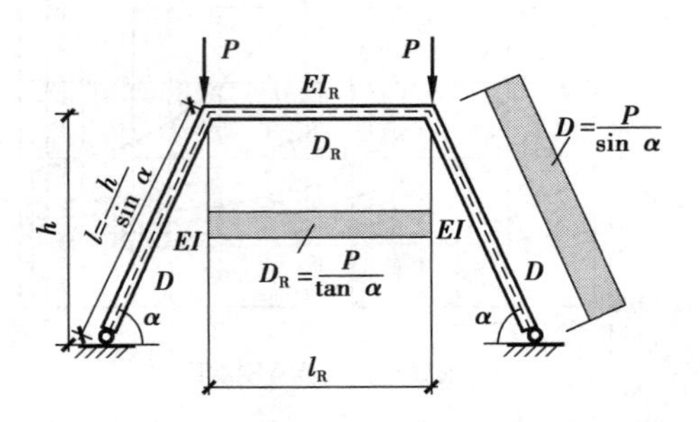

附图 3.1　支座铰接斜腿框架

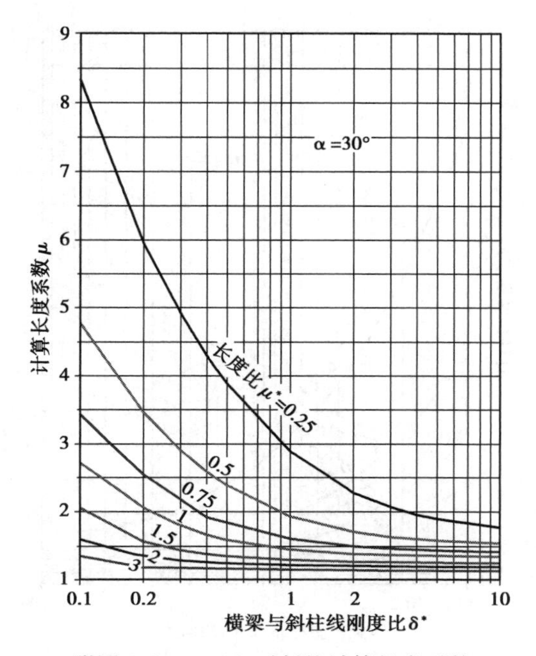

附图 3.2 $\alpha=30°$时斜柱计算长度系数

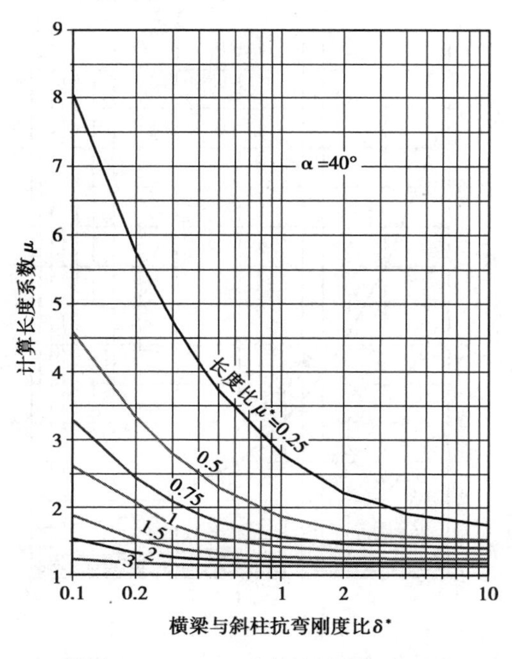

附图 3.3 $\alpha=40°$时斜柱计算长度系数

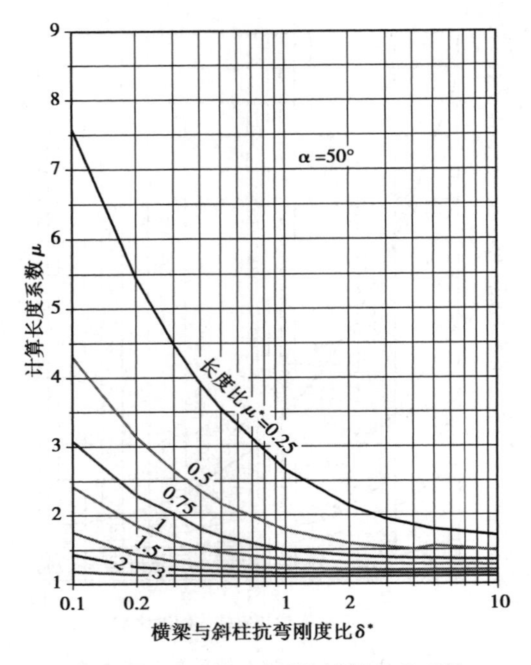

附图 3.4　$\alpha=50°$时斜柱计算长度系数

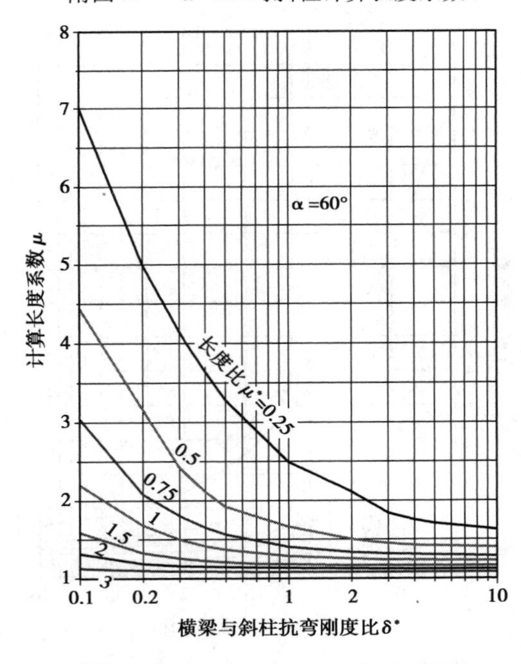

附图 3.5　$\alpha=60°$时斜柱计算长度系数

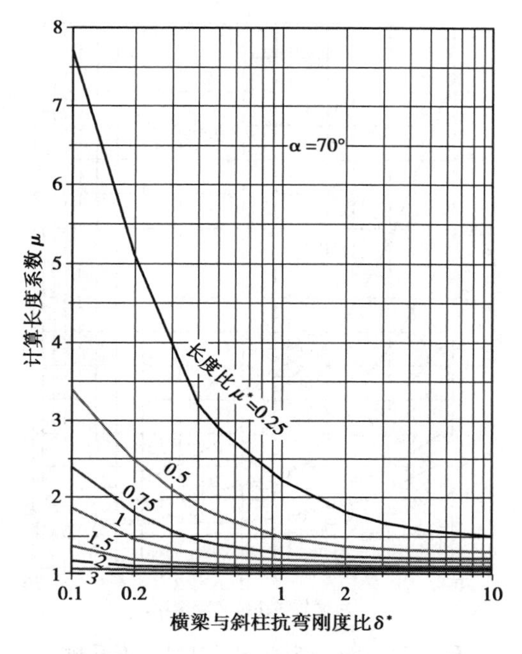

附图 3.6　$\alpha=70°$时斜柱计算长度系数

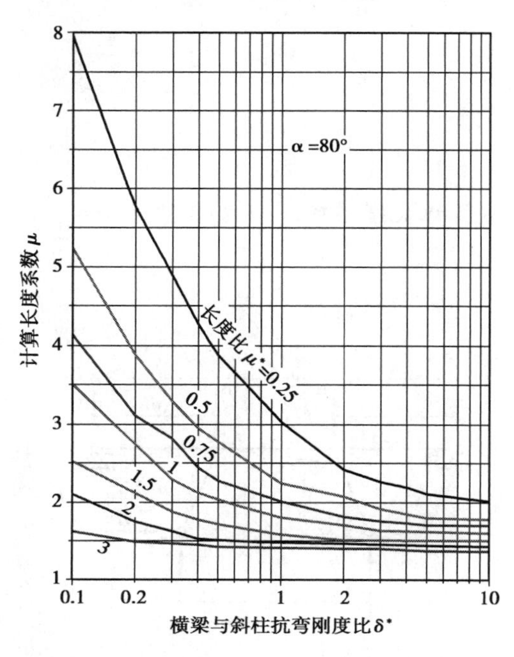

附图 3.7　$\alpha=80°$时斜柱计算长度系数

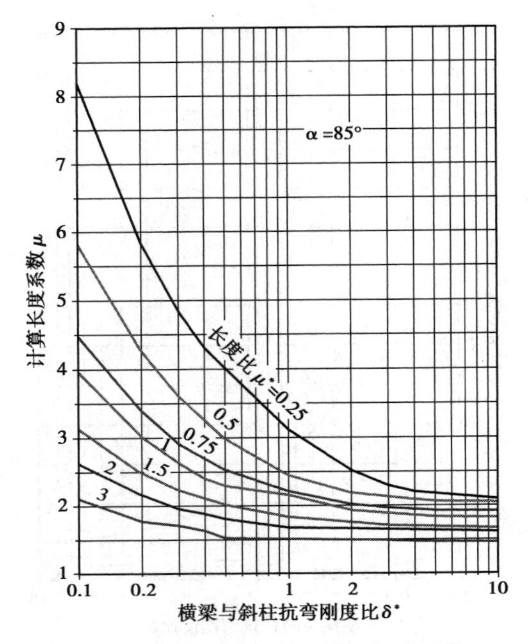

附图 3.8　$\alpha=85°$时斜柱计算长度系数

附录 4

附图 4.1 中:μ 为计算长度系数,α 为斜腿角度,$\mu=\dfrac{\pi}{2\varepsilon}(l_{\mathrm{R}}=2b)$,$\varepsilon=b\sqrt{\dfrac{H}{EI}}$,令$\chi=\dfrac{b}{l}$,$\nu=\dfrac{c}{d}$。

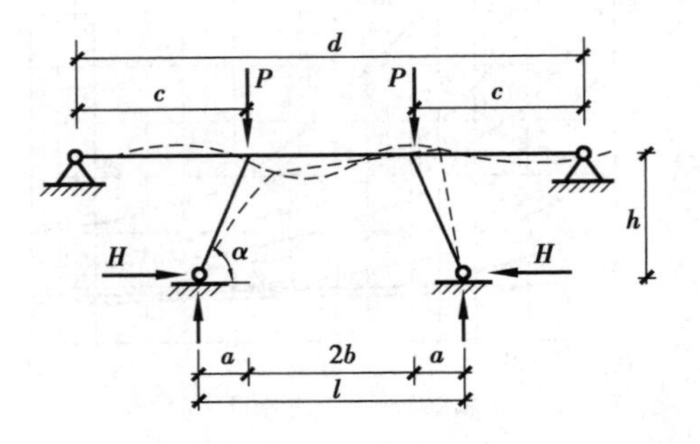

附图 4.1　伸臂斜腿框架

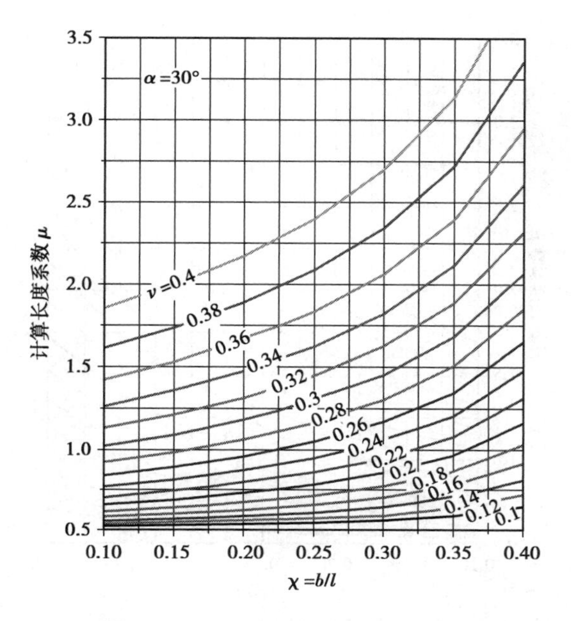

附图 4. 2　$\alpha=30°$时斜柱计算长度系数

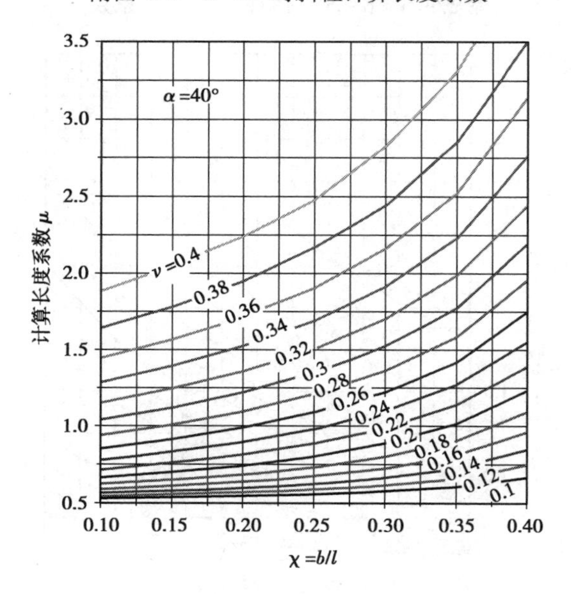

附图 4. 3　$\alpha=40°$时斜柱计算长度系数

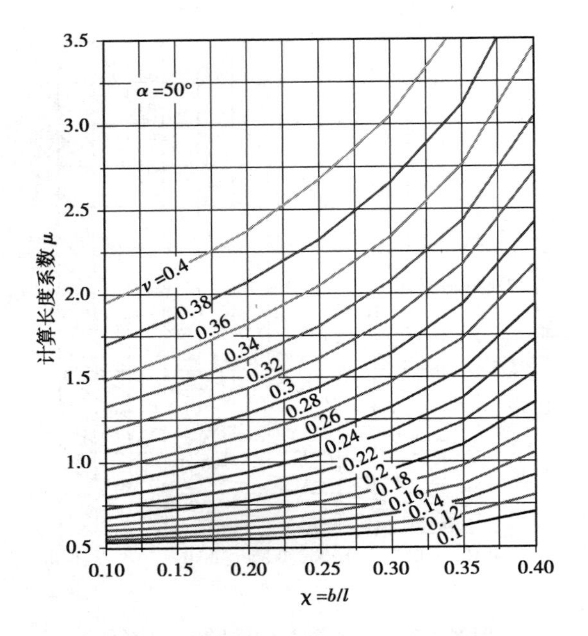

附图 4. 4　$\alpha = 50°$时斜柱计算长度系数

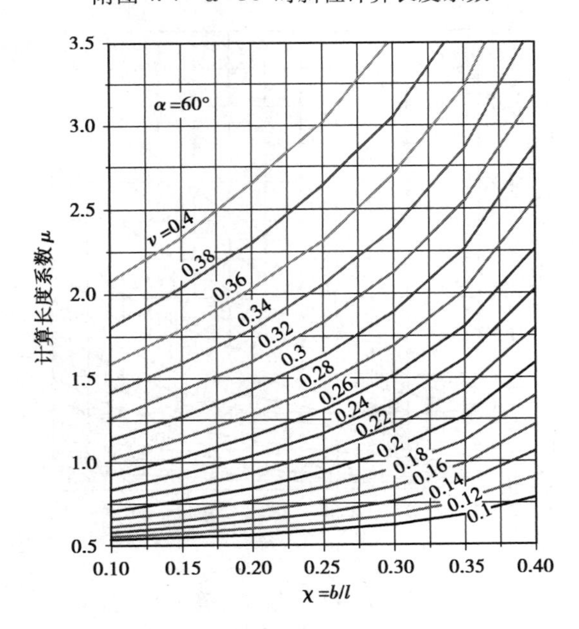

附图 4. 5　$\alpha = 60°$时斜柱计算长度系数